U0303523

自然雅趣
Nature series

怎样看到鹿

与自然相遇的50种方式

周玮 著

商务印书馆
The Commercial Press

2017年·北京

图书在版编目(CIP)数据

怎样看到鹿:与自然相遇的 50 种方式/周玮著.—北京:商务印书馆,2014(2017.6 重印)

(自然雅趣丛书)

ISBN 978－7－100－10469－2

Ⅰ.①怎… Ⅱ.①周… Ⅲ.①自然科学—普及读物 Ⅳ.①N49

中国版本图书馆 CIP 数据核字(2013)第 288024 号

怎样看到鹿

—— **与自然相遇的 50 种方式**

周　玮　著

商　务　印　书　馆　出　版
(北京王府井大街 36 号　邮政编码 100710)
商　务　印　书　馆　发　行
北　京　冠　中　印　刷　厂　印　刷
ISBN 978 － 7 － 100 － 10469 － 2

2014 年 4 月第 1 版　　　开本 880×1240　1/32
2017 年 6 月北京第 3 次印刷　印张 7⅜

定价:35.00 元

观察之旅

发现之旅

博物之旅

朝圣之旅

目录

怎样看到鹿

北京_075

怎样看到鹿

自序：我们在此相遇

一直只自认是个朴素的自然爱好者，花鸟虫鱼，山河湖海，相识全凭缘分。而最初那一份兴趣的点燃，必然来自喜爱养花的母亲，必然来自儿时与她共处时的点点滴滴，从最简单的指认开始：瞧，这是蜡梅／迎春／贴梗海棠。也该庆幸从小到大，虽居于城市，多数时候也还是住在某个草木葳蕤、四时皆有花开的大院。八岁以前的日子，回忆起来更是亲近自然、与昆虫多亲密接触的体验，伴随的必有母亲的鼓励支持，比如领着我满院子找桑叶喂几条嗷嗷待哺的蚕儿，那情景至今仍历历在目。

而我发现，我渐渐成为朋友和同事"仰仗"的那个"遍识草木之名"的人，这实在让我惭愧。充其量，我不过是对跟我们共存于周遭环境中的其他生物多存一丝了解的兴趣而已，有时便止于此，有时也许刻意研究一下；但我确有热情跟人讲解连翘与迎春的不同之处，还有如何辨别牡丹和芍药。

2004年初次赴美，我幸运地落脚在太平洋西北海岸的华盛顿州，此地气候温和，雨水充沛，绿意葱茏，有"常青州"的美誉。我任教的学校所在的小城弗农山，城郊大片花田，春天黄水仙、郁金香次第开放，如巨幅色毯，再往后满城杜鹃，花朵硕大、明艳照人；还有农场果园，秋季择日对外开放，可体验采摘之乐，更可了解农事。冬季是观鸟的时节，朋友会开车带我去湿地滩涂或者河畔，看天鹅雪雁和白头鹰。我有生以来也第一次住上有前庭后院的房舍，每日看棉尾兔和知更鸟东走西顾，晚上梦见它们问我要水喝，说的是汉语。

如此神清气爽的一年，如此滋养身心、诗意栖居的一年，让人不禁深思人与土地的关系。在这片异国土地上从陌生到熟悉，我要先仰仗对"物"的体认，仰仗带我了解植物与动物的人，此番"博物"，成为我后来每到陌生之地必做的功课。唯有如此，我才能渐渐把握一个地域的光影气息、肌理脉络，渐至人情风俗。我从来不能不识别几种草木鸟虫就离开一个地方，那是观光客的心态；而我要尽量贴近，蹲在地上细察一枚草叶，从它开始，了解这一方水土何以养人。

而在自己安身立命的北京，我偏安一隅，年年固定踏访某处山，某些园子。在熟稔到有麻木的危险的环境中，如何保持新鲜的心，发现惊喜，这更具挑战，更加考验情感、知识和智慧。而总体持续恶化的自然环境，借由国内种种问题，让我将关注的眼光越过文学，投向生态。这几年中，我的阅读也在转型。

于是在申请2011年的访美研修项目时，内华达州内华达大学的环境文学成为顺理成章的选择。这一领域研究人与环境主题的文学作品，旨在推动促进人们对环境的关注，培养生态意识，可说是一门扎根现实、与其交互作用的研究。一年中读书听课，行山漫步，收获颇丰。内华达州是美国最干燥的地方，大学所在的里诺市靠旅游业和博彩业提升经济，没有什么比沙漠里建起的城市更能让人反思人与环境的关系了。

现在该来说说这本小书的构思。四月中，余编辑向我约稿，说在"自然笔记"网站上看到我写的《京郊观鸟札记》，问我还有没有类似的文字。十年中我的确积累了一些文字，但主要是记录在博客上的自然随笔，更具有日志的性质，篇幅短小，行文比较随意。邮件一来二去，我们都有了一些想法。本着"一个博物爱好者的内心，以及她对自然的感受"的主题，我最先想到的，就是一个由不同"地域"来串联的框架，弗农山——北京——里诺，最后以瓦尔登湖的朝圣结束。一个业余博物爱好者，现在的我更愿意把自己定位为生态关注者，就这样在不同地域文化之中穿梭往来，在陌生之地从一花一鸟开始熟悉，在常居之地则不断发掘身边惯常的地景，重新发现自然的美与乐趣。在中美两种地域文化之间，另有一个互相映衬比照呼应的层次，使我的自然和文化体验更加丰富。比如第一部分"弗农小城"中有一篇《连翘，春天，北平》，就是这种例子。我欢喜做这种对比映照，而说到底，草木生灵有情，也是我自作多情所致；天地莽莽，而吉光片羽入我眼来，令我动心，总有机缘。有缘在此相遇，并融入生活，沉入记忆，这其中不时翻滚沉浮者，是需要我把它们留在纸上的呼召。

我们在此相遇，如题所言，意在记述这相遇一刻的陌生、感动、惊喜、思虑。从感性的经验，到融入更多的思考，这本书也记述我的成长，从朴素的自然爱好者，到有问题意识的生态关注者，从"无忧"到"多思"，我乐见我的成长，希望能继续笔耕不辍，并好奇生命还会带来怎样的机缘。

一 弗农小城

贝克山〔Mount Baker〕

活火山

2004年9月中旬，我到了太平洋西北海岸的华盛顿州小城弗农山，它在西雅图以北100公里的地方，往北再开一百多公里就到了加拿大温哥华。安顿下来没多久，艾力克就告诉我：在你后院远眺可见的贝克山，那白皑皑的峰顶终年积雪，还有，它是一座活火山。看到我吃惊的神色，他连忙补充：不过它在休眠期，不必担心。

然而，西雅图以南154公里的另一座火山，又苏醒过来了。艾力克说，圣海伦斯火山开始冒烟了，人们对此极其关注。要知道，仅仅是24年前，1980年的3月，圣海伦斯火山从123年的沉睡中醒来，开始喷烟，两个月后的18日，剧烈的地震使岩体崩落，引起了火山爆发，烟柱高达24,400米，形成了

1.6公里宽的马蹄形火山口。火山灰遮天蔽日，火山泥石流埋没了田野里的苜蓿和土豆，也葬送了数千只鹿和大角麋。有57人丧生，诸多房宅、桥梁、铁路和公路被摧毁。当时的卡特总统目睹了破坏现场后，将其描述为"比月球表面更为荒凉"。那一场灾难性的大爆发，人们回忆起来，无不提到空中弥漫的细小的砂质灰屑，它们数周不散，导致航班停运，也引发各种呼吸道疾病。

我只能想象那一场摧枯拉朽的爆发，另外能做的一件事，是每天在约翰斯顿山脊观测站的网站上，查看圣海伦斯火山的最新照片，这个观测站和火山相机位于海拔约1500米的高度，距离火山大概9公里。根据网站上的资料，岩浆已到达表层，新的熔岩穹丘正在形成。我的兴奋和好奇恐怕多于忧虑，私下的念头是，火山爆发这样惊天动地的大事，怎么会给我碰上。但我依然天天上网站看照片。天晴的时候，可见青山起伏，小河蜿蜒；天雨的时候，透过水滴点点的镜头，也还依稀可见山野的轮廓。夕阳西下，火山口的白烟也被染成绯红。山高天寒，十月中有雪，雪后又天晴，火山口冒出的白烟几乎无法辨识，它和山上的皑皑白雪，还有空中洁白的云雾，融为一体，令人想起阿巴斯那些短诗中白色的不同层次："白色马驹/浮出雾中/转瞬不见/回到雾里"，"鸽子白身影/没入白色云彩中/白茫茫天地"。有时晚上闲来无事，我也会去网站看摄像头即时的图景，月华皎洁，依稀可见一轮；大多数的黑夜里，镜头前一片茫茫，唯有令人眼花的红绿蓝色点。

不是没有小地震和小规模的爆发，只是暂且无碍。那新近形成的鲸背形火山穹丘非常脆弱，塌陷后又继续形成，再次塌陷，又继续形成。我渐渐对它少了关注，也不再天天查看火山照片。而在后院遥遥可见的贝克山，是我视野里的唯一一座真实的火山，我与它每日相对，从秋到夏，终于熟悉了山顶在晨昏晴雪不同时刻呈现的各色光彩。它统领了整个北方的天际线。偶尔出个远门，归来途中，那皑皑白头的远山一出现在北方的天际，心里就莫名的踏实。

一年后离开弗农山回国的时候，圣海伦斯火山还在冒烟，爆发似乎是不可能了。我不禁想起王小妮在一篇散文中写自己：像这样每天只是从厨房走向洗衣机的人，对灾难肯定有着动物般的期待，像过着无边沉闷日子的草，不明原因地期待山火。可我在弗农山的日子并不沉闷。

农场开放日

初到弗农山的第二天晚上，艾力克和丽贝卡就带我去附近的小镇拉康纳参加一个露天音乐活动。车子一开出城，就看到蜿蜒流淌的斯卡吉特河，它源自加拿大，自北向南，灌溉出肥沃的斯卡吉特河谷，此地的农业历史也源远流长。这是玉米和树莓统治的乡野，前者再熟悉不过，后者却是初见；乡间灌木丛连排成列，影影绰绰，枝叶仿佛蜷曲向上，让人想到梵高笔下燃烧的麦田。天似穹庐笼盖四野，长云横亘整片天空，远处青山连绵起伏。归途已是深夜，天上黑云流转，广袤的田野蕴含着无声的秘密。

十月，农场开放日，让我终于有机会亲近这片土地。在迈克和珍的浆果农场，我跟随艾力克和丽贝卡登上干草车游览整个农场。坐在我旁边的一位母亲是从西雅图过来的，特意带孩子们体验乡村。向导领我们来到苹果园，每个人可以从枝头摘一个苹果。我摘下一个青红的苹果，正犹豫要不要下嘴，艾力克示意我，用手抹抹就行。一口咬下，爽脆清甜，是我这辈子尝到的最好吃的苹果了。在土豆地里，向导叫小孩子们挑选一个自己的土豆，他们欢喜不已。在产品展厅，丽贝卡给我买了一块红树莓和蓝莓蛋糕，浆果配上香草冰淇淋，口感绝佳。

这一天产生了无数个惊喜的初体验，我们在美蕊特苹果园品尝各种果酱果冻，在南瓜农场挑选准备雕刻万圣节杰克灯的金黄色大南瓜，在阿尔杰羊驼农场，我还看到了原产南美的长相乖憨的羊驼，它们性情温顺，绝不会在你的手心吐口水。羊驼毛织出的围巾和帽子手感非常柔软。在佐久间兄弟农场——一个有近百年历史的浆果种植世家，他们种黑莓、红树莓、蓝莓，还有杂交品种的波森莓和泰莓——日裔美籍的农场主理查·佐久间几年前开始尝试种茶。得知我来自中国——艾力克和丽贝卡也多次去过中国——他给我们泡了自家的茶叶，但又告诉我们，味道不太对，还需继续试验。还能有比这更奇妙的感觉吗？在美国西海岸的农场里，面对绿色的茶园，听一个日裔美国人叙述种茶的不易。

羊驼〔Alpaca，*Vicugna pacos*〕，摄影：Alex Erde

我慢慢了解到，斯卡吉特谷一带的农场多倡导可持续的有机农业。以迈克和珍的浆果园为例：1862年《宅地法》通过以后，迈克的曾祖父于1889年来到这里，在丰饶肥沃的斯卡吉特河谷拓荒垦殖，种植燕麦和干草。如今迈克和珍种草莓、红树莓、苹果，也种土豆、豌豆和菜花。他们必须适应竞争激烈的市场，除种植之外，还要负责加工和营销，面对全美四五家集团巨头对食品工业销售渠道的垄断，坚持开拓客源。更为不易的是，他们有时还要变身为政治家，努力游说决策者和消费者，要求学校和医院等靠税金支持的机构使用本土出产的食品，说服消费者多花一点钱购买当地出产的食品，从而加强本土安全食品的供应源，保证本土农业经济的正常运转。

　　行到田间地头，触摸作物和泥土，从枝头采摘品尝果实，试吃加工食品，和农场主聊天，了解农场的运作。我在农场开放日的收获无比丰厚。这片让人时时惊叹的丰饶土地和美丽风景，全因有这些坚韧顽强的农场主和他们的理念，也要归功于本地居民，他们信赖食在当地的理念，愿意去食品合作社（由本地农户直接销售产品），而不是去沃尔玛之类的大型连锁超市购买食品。我至此才明白弗农山城中那个名字和食材都新鲜无比的"食品合作社"所来为何。

吹小号的天鹅

从小城图书馆借了怀特的《吹小号的天鹅》，一口气读完，心中温暖，脸上微笑。果然如怀特的作家好友厄普代克所说，怀特的三本童书中，这本最是"意境开阔，调子安详，对自然的描写蕴含宝贵的直觉"。这个故事的主人公是一只号手天鹅，本应拥有嘹亮如号角的鸣声，却不幸是个哑巴，而他竟然名叫路易，爵士大师阿姆斯特朗的那个路易。路易最终拥有了一只小号，不仅追求到了自己心爱的姑娘，还在公园的池塘里演奏夏夜的爵士乐，听者云集。

十一月中旬起，我开始从很多人口中听到号手天鹅这个鸟名，不禁心向往之。教工电脑室的盖瑞告诉我，号手天鹅是北美特有的鸟类，也是现存最

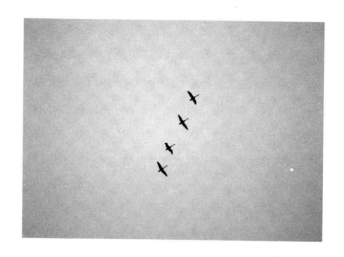

四口之家

大最重的水禽，每年来此过冬，在乡间的湿地会看到它们成群地栖息，叫声非常响亮，当然也极美丽。到了十一月底的一天，我走过停车场的时候，听到一种洪亮清越的叫声，抬头一看不禁心花怒放，十几只雪白的大鸟，正排成人字形在冬日寒冷的天空展翅高飞。我想这就是传说中的号手天鹅了吧，果然声闻九天。

之后的第二天，傍晚5点钟，天已经黑了，我在穿过校园的时候，又听到了那嘹亮高远的鸣声，暮色中凭借我1.5的视力还可以看到它们，这次排成了一字形，它们从西往东飞。我喜欢在这样寒冷的冬日傍晚，听到这样清亮高昂的叫声，凝望它们优美的身姿。声音来自高处，更高的天空，而它们正奋力扇动翅膀，划过空气，向夜晚的栖息地飞去。

几天以后的周末，凯西带我去看越冬候鸟。先是雪雁，它们也是越冬候鸟，这里是斯卡吉特河流域，三角洲的大片浅滩湿地，还有收割过的农田，食物充足，也因此吸引了它们停留。此刻，眼前的田野上，足有上千只吧，密密麻麻。它们圆滚滚的身体，一刻不停地低头吃着草籽，边吃边朝一个统一的方向挪动着，略显笨拙，十分好笑。有时雁群飞起，每一只雪雁双翼尖端和尾羽的黑色，同雪白的身体对照鲜明，十分好看。

这片湿地的号手天鹅很少，只有九只，但是我觉得自己已经是世界上最幸运的人了。成年天鹅在田野里悠闲踱步，时而优雅地弯下长长的脖颈梳理羽毛。两对雪白的成年天鹅喙和脚爪是黑色的，它们总是伸长脖颈，像在瞭望放哨；幼鸟羽毛是浅褐的，喙和脚爪的颜色也不够黑。我不太习惯看到天鹅在泥泞的滩涂里栖息，脚爪踩着残败的枯草根；想象中，它们总有在碧绿的湖水中掌拨清波的曼妙姿态；而这才是真实的情景。

在另一片田野，我们看到一大群天鹅，足有六七十只，可惜离得较远。更远处开过去一列长长的火车，让我想到纪录片《迁徙的鸟》里面草丛中那只即将被收割机的铁轮碾过的幼鸟。而这里，二者共存于同一幅画卷中，尽管不大协调，倒也相安无事。

来年一月底，我去阿纳科特斯的朋友船上过周末，回弗农山的途中又见号手天鹅，成群歇息在田野中，青绿的大麦地里点缀雪白的小点，不时有鸟儿飞起飞回，看得见它们细长的脖颈，优雅无比。蓝莓田远看像一片红色的烟雾，秋天时叶子变红，到现在都没有落。

二月初有一天，早上去学校教太极拳，走过停车场的时候，又听到那高亢清亮的鸣叫，抬头看到又是那四口之家排成一队向西边飞去。这段时间只要早起，我都能看到这一家子让我备感亲切的天鹅朋友。

号手天鹅（Trumpeter Swan，*Cygnus buccinator*），绘图：吴思靖

在《吹小号的天鹅》的结尾，天鹅路易思忖着，能够居住在这片美好的大地上有多幸运，能够用音乐来解决自己的麻烦有多幸运。我也时时感慨，何其有幸，我有一年的时间，栖居在一片如此美丽而充满生机的土地上。

河畔观鹰

　　每年一月到二月间，白头鹰从寒冷冰封的阿拉斯加飞到斯卡吉特河谷过冬，因为这里相对温暖，河流并不上冻；也是在一月份，鲑鱼从北太平洋洄游，沿斯卡吉特河逆流而上，产卵，繁殖，衰弱，生命最终终结在它们出生的同一片淡水河域。斯卡吉特河是华盛顿州唯一一条拥有五种原生鲑鱼和两种鳟鱼的大河。然后大批死鱼浮上河面，恰恰是白头鹰一年一度的盛宴。白头鹰，学名白头海雕。作为美国国鸟它象征着自由和强大，可具有讽刺意味的是，它是一种食腐肉的猛禽，以吃死尸为生，不愿意把体力消耗在捕获活物上，有时甚至从鱼鹰嘴里夺食，和黑老鸹抢饭吃。当年美国国父华盛顿厌恶地写道：

　　怎样看到鹿

我不希望白头海雕被选作国鸟，因为它是一种品行败坏的鸟，不靠诚实手段谋生。你会看到它栖在一棵枯树上，自己懒得捕鱼，却在观察鱼鹰的劳动，当这种勤劳的鸟儿终于捕到一条鱼，把它送进窝里让妻子和孩子品尝时，白头鹰尾随其后，掠夺了它的劳动成果。

　　白头鹰最终还是被选作了美国国鸟，华盛顿关于火鸡的提议被无情地否决了，尽管他坚持认为后者诚实勇敢，才是美国的象征。不过到了今天，每一个美国人都庆幸不已，火鸡作国鸟只会沦为笑话——我的美国学生告诉我，火鸡有点愚蠢，下雨的时候它们挤在一起，甚至会窒息而死。而白头如雪，尖喙金黄，眼神锐利，翱翔长空的白头鹰，相貌可谓堂堂，不知就里的人们光看外表，绝对能把它和美国的形象联系起来。想到这些有趣的逸事，我对此行充满期待，想一探这些食腐者们的真正嘴脸。

　　在华盛顿州西北部，行车上路就意味着可以欣赏到无穷的美景。这里雨水充沛，林木繁茂，我总是觉得出了城就进了山林，目之所及一片苍翠。即使是寒冬，也有各种常青树郁郁葱葱，雪松、铁杉、红云杉、道格拉斯冷杉，很多都有最优美标准的圆锥形树体，树干笔直，不知道树种的人也会惊叹：都是圣诞树啊！

我们今天看到的树林略有不同，因为有河流经过，环境格外湿润，从主干到树枝上都长满青绿的苔藓，林地上也是厚厚的一层苔藓落叶，湿黑的土壤蕴含大量的腐殖质，还有古老的蕨类植物，羊齿形的叶子古意森森。在这样的林中行走不禁会想起神话里的树精树妖，它们晚上是会抖抖身子，显出人形的吧。

树林的景致永远不会让我厌倦，我们一路东行，路边都是这样茂密的树林。雨水还是不依不饶地浇下来，看到乌云向西边飘去，我想今天注定要水淋淋了。斯卡吉特河宛转延伸，拐一个弯消失在我们的视野中，再拐一个弯又出现了。连日的降雨和气温转暖导致山上的积雪融化，使这条河的水位陡然增高，水流也较往日湍急。看到有些人家把房子盖在距离如此靠近的河岸上，我不禁为他们担心起来。而凯西告诉我，事实上这些人家每年都要遭到洪水侵袭，不过他们还是年复一年地住下去，也不考虑搬离此地。我不解，河流的风景真的如此美丽，以致他们宁愿冒着被淹没的危险，也要过在水一方的生活？

我们的目的地水泥镇终于到了，这里是一年一度斯卡吉特谷观鹰盛事的所在，每年这个时节都有鸟类爱好者们带着高倍望远镜来到这里，一看就是一天，有的还会在附近驻扎下来，看上好几天再走。我们在河边碰到了几个这样的人，他们早早地就来

白头海雕〔Bald Eagle, *Haliaeetus ieucocephalus*〕, 摄影：A. Davey

了，已经掌握了很多情况，热心地给我们指点着：看到吗？对岸那棵树上有一只，那边还有两只。我一向自诩的好视力竟然退化了，眼神游移了好半天才看到远处纵横交错的光秃枝桠上栖息着一只白头鹰，泥塑木雕般一动不动，两翅收拢，脚爪紧扣树枝，不知保持这个姿势多长时间了。

看来看去也只有两三只，又没有动静，距离还那么远，我们打算换一个地方碰碰运气。这一次我们发现了一座横跨斯卡吉特河的公路桥，是绝佳的观察位置。我们在这里遇到另一群观鸟者，有他们细致而生动的解说，我毫不费力地获取了很多知识，这样直观的动物学课还是生平第一次：雄鹰的个头没有雌鹰大，一只成年的雌鹰双翼完全展开可达1.78—2.92米，幼鹰的头羽和尾羽不是白色的，而是全身褐色。正听着他们的讲解，只见一只鹰从高高的枝头猛然俯冲下来，展开巨大的双翼，有力的脚爪从河水里径直抓起一条鲑鱼，降落在河岸上，开始和几只骚扰的乌鸦纠缠不清。它视力超群，竟然能在那么高的枝头看到下面河里的动静，而且判断准确，起飞、滑翔、出击、凯旋，一气呵成的动作令人惊叹。又有一只好像厌倦了高栖枝头的姿势，或是想换个位置，它径直飞过大桥，双翅生风地飞过我们的眼前，停在桥另一边的河畔树梢。

当我离一只鹰只有50米的时候，相机居然没电了，真是懊丧。今天的运气不够好，雨一直哗哗地下个不停，鹰也没有想象的多。凯西说有一次她和家人来看到了二十多只呢，都停在树梢上观望，蔚为壮观。不过看到它们捕食的情景已经蛮难得了，亲历动物世界的体验还是让我兴奋不已。斯卡吉特河的白头海雕自然区域，这一片九千英亩的生境，是1976年由华盛顿州鱼类和野生动物保护协会造就的，协会拥有其中一千三百英亩，其余土地分属六个合作伙伴。这些年来，保护协会致力于在斯卡吉特河三角洲恢复湿地，因为那对鲑鱼而言是至关重要的栖息地，同时也加强防洪和农田保护。这些真是环环相扣。

回来在网上延伸阅读，我又了解到很多新鲜知识，比如鹰的眼睛和人类的大小差不多，而视力是一个视力绝佳的人的四倍之多，难怪可以高瞻远瞩。一只鹰能提起1.8公斤左右的重物，有时如果鱼儿太大，离河岸又远，它会因为力气丧尽而溺死在水中，真是想不到还会有这种结局。它们在食物链的最顶端，看似强大无比，实际上最容易受到环境污染等因素的影响，因为食物链的每一个较高级都容易积聚下一级中的毒素。美国上世纪三四十年代农田中广泛使用的DDT就直接危害到白头鹰和它们的繁殖，因为DDT使蛋壳变得脆薄，未等度过孵化期就破裂了。白头鹰现在也还是濒危物种，拥有一根鹰羽毛都属非法，最高罚款数额可达一万美金；但印第安人因为有古老的图腾崇拜传统，视鹰为神鸟，一根挺立的鹰羽在他们眼中具有强大的力量，常在仪式中使用，所以基本上不受这些法律的约束。

看到国家地理网站上的录像，是一个德国人在北美阿拉斯加拍到的白头鹰，我听录像里鹰的鸣叫，尖利，极具穿透力，从来没有听过这样的鸟鸣。

鹪鹩之歌

　　下课回家，路过门前紫藤缠绕的图书馆，二月底，花儿还没有开放，却听到一阵极为清脆悦耳的鸟鸣，我四处张望，不禁问出声：在哪里？不远处的一个女子示意我抬头，果然，在树丛顶端，有只圆鼓鼓的棕色小鸟正在欢唱，它的声音如此明快流丽，婉转动听，毫不单调，有丰富的音阶变化，而且音色明亮，让人无法相信是从一只这么不起眼的小鸟嘴里发出来的。同行的学生老盖瑞告诉我：这是一只wren，我却不知中文是什么，一路好奇不已。

　　回来一查，发现两个陌生汉字，鹪鹩，音"娇聊"，嗯，这个名字念起来就很朗朗动听。第二天老盖瑞借给我一本《奥杜邦学会北美鸟类手册》，里面介绍了六种鹪鹩，我看到的那只相貌上接近比氏苇鹪鹩（Bewick's Wren），但是看声音描述："它响亮欢快的歌声通常以轻声的哼鸣开始，仿佛是在吸气，接着发出颤音和一系列含混的音符。"又不太像，反而是莺鹪鹩（House Wren）的描述贴近："春天和初夏时节不知疲倦的歌唱家。它欢快急切地鸣啭，音调高低起伏。"莺鹪鹩也是全美分布最广的。后来丽贝卡还告诉我，鹪鹩性格极其活泼好动，它甚至可以在枝头倒立，实在可爱！

看着这两个字却又觉得似曾相识，谷歌了一下，恍然大悟，它早就是文学作品里的常客了，我开始重温鹪鹩之美。

庄子《逍遥游》："鹪鹩[1]巢于深林，不过一枝；偃鼠饮河，不过满腹。"

张华《鹪鹩赋》："惟鹪鹩之微禽，亦摄生而受气，育翩翾之陋体，无玄黄以自贵；毛无施于器用，肉不登乎俎味。……巢林不过一枝，每食不过数粒。栖无所滞，游无所盘；匪陋荆棘，匪荣茞兰。动翼而逸，投足而安。委命顺理，与物无患。伊兹禽之无知，而处身之似智。不怀宝以贾害，不饰表以招累。静守性而不矜，动因循而简易。任自然以为资，无诱慕于世伪。"

约翰·福尔斯《法国中尉的女人》："一只小小的鹪鹩停歇在离他不到十英尺的一棵小树上，尖声地唱着。他可以看清它那双闪闪发光的黑眼睛和尖叫时鼓胀起的红白相间的嗓突——一个微小的羽毛小球，然而它却是宣扬进化论的天使：我乃万物之一，你无法否认我的存在。这会儿，查尔斯像皮萨内洛画的那位圣徒一样愣愣地呆立着，惊奇地发现世界是这样近，似乎伸手可及。这种想法把现实生活中的那些陈词滥调驳得体无完肤。"

罗伯特·洛威《为联邦而死难者》："他们的纪念碑像一根鱼刺/卡在这个城市的咽喉中。/它的上校像罗盘上的/针一般清瘦。/他有一种愤怒的鹪鹩的警惕，/一只猎犬的温和的紧张；/他似乎害怕寻欢作乐，/却又被孤独所窒息。"

意大利歌曲《鹪鹩》是一首花腔女高音作品，我运用想象力听了一下，很美。

这才知道，昨天枝头上的那只小鸟，是一个伟大的歌唱家，还是一个出色的建筑师，性格活泼、生活朴素，尽管身怀绝技，依然甘于平淡。

注释

[1] 鹪鹩是美洲的一大科，包括约60个种，但于旧大陆仅有1种，即Eurasian wren（*Troglodytes troglodytes*，鹪鹩）。它是否就是中国古典文学中的鹪鹩，台湾自然科学博物馆网站上《鸟与史料》（http://fhk-dbbook.nmns.edu.tw/fhkbook/hist/hist.asp-sq_no=85.htm）中有细致的梳理。古之鹪鹩今天称为鹪莺（Prinia），这一属在中国分布6种，与wren实为不同的鸟种。作者为行文方便，把中国的鹪莺和美国的鹪鹩同列一处，"混为一谈"。特此说明。

春日漫笔

早上教完太极回来，隔着十二棵高大的杨树篱笆，就看到后院的草坪上落了好几只红胸知更鸟，这是最近一周半里第四次相遇，没有哪种邂逅比这更让我激动了。黄嘴，黑头，白眼圈，这几只的胸脯不是橙红，颜色暗些，铁锈红更恰当。其实在现存的北美陆禽中，数量最多的三种鸟就是红翅黑鹂、美洲知更鸟和从旧大陆引入的欧椋鸟，我后院的小鸟[1]名列第二。

九点半上完第二门课回来，看到那位园艺师傅在我的院子里忙碌，把杂草和不美观的植物统统刨出来扔掉，剩下的灌木丛修剪成完美的球形，我忍不住想到天才的剪刀手爱德华在那个古怪的小镇上创造的奇迹，在我的院子里是不会出现了。跟师傅打了招呼，很有兴趣地看着他车上那些连根拔掉的植物，真心地问他要不要帮忙，师傅蛮高兴的，说不用，谢我这份心。随便聊起来，才知道整个学院的草坪花圃都是他一个人操持，再加上我的院子，实在忙不过来。他答应我帮我在门前铺一段青砖甬路，好穿过草坪直接出院子，还说明天就帮我清理后院里的落叶堆，嗯，那些枯叶堆在那儿有日子了，开后门时常常带进屋一两片，倒也不碍事。

又是晴空万里的艳阳天，师傅说他很喜欢自己的工作，尤其是这样的好天气。

我注意到房子东侧的花圃里有粉红的风信子初绽，没有蓝色的雅致，却多了一分俏丽。

下午从图书馆前过，听到呱呱的蛙鸣，就那么清脆的一两声，从茂密的灌木丛中传出来，很是好奇。前些天的某个晚上躺在床上，也听到零落蛙声，静夜里格外清亮，把我的睡意一扫而光。附近没有小溪，只有一条旱渠，青蛙不会觉得太干燥吗？

校园里那树樱花是去年十一月底天寒地冻的时候就盛开了的，浅粉色轻盈的小花，背景是飘扬一面鲜艳的星条旗的苍白天空。

紫色的小小番红花，要蹲下去才能看到它鲜艳的金黄色柱头，柔弱的小花却不畏春寒，是它们最先宣告春天的来临。

满田满垄黄水仙（Daffodil，*Narcissus pseudonarcissus*）

现在大行其道的是黄水仙，昨天凯西带我去田野里，看满田满垄的娇黄花朵，随风轻摇，一双眼睛不够，还要加上相机的镜头，却失去了捕捉的焦点。远处漆成鲜红色的大谷仓，再远是苍翠的群山，大朵肥壮的白云低低地飘浮在蓝天和绿野之间。脑海中本来就要以这帧风景定格了，可是后来看到的更加挥之不去，那是一群在田间弯腰低头采摘水仙的墨西哥劳工，身上的衣衫灰暗邋遢，他们把一株株花朵从泥土里挖出来，田头有准备发往超市花店的大车在等待。

　　超市里的黄水仙都放在冷柜里。我第一次把这华兹华斯诗歌中的著名花朵和实物对上号时，就是在超市。看到那一丛丛绿叶修长，花茎从叶子中抽出来，顶端盛开颜色明黄的六瓣花朵，我的第一反应就是daffodil，收银员肯定了我的猜测。而一位老太太看我大呼小叫惊叹不已，才知道我是生平初见。她走到冷柜前挑了一束，走回来付了账，然后把花儿递到我面前，说："我们这地方就是种水仙的，送给你。"我简直无法相信，而她笑意盈盈的眼里满是真诚。

　　如果我来写花语，那么黄水仙无疑是——陌生人的善意。

注释

[1] 红胸知更鸟与美洲知更鸟属同种，通称为旅鸫。——编注

连翘，春天，北平

连翘，早春时节遍布北京街头巷尾的花树，在那个尘暴肆虐的城市，灰头土脸地开着，仿佛泯灭了个性，我从来没觉出它的好来，还因为总有人把它错认为我更心仪的迎春而生气：迎春花长枝垂落如飞瀑，金黄五瓣小花点点如星，我无法理解人们怎么能混淆这两种花；对于花儿的感情我有时候很不讲道理。

可是二月份在家里开春节晚会的时候，迪安从她院子里剪下一大捧金灿灿的连翘，带来让我插瓶，我一下子找回北京春天的气息，那份欣喜来得强烈，却又自然。花儿谢了，有嫩绿的叶子啄于枝头，我继续用清水养着。

我的屋外竟然也有两棵连翘，比黄水仙、风信子开得都早，生气勃勃地怒放，清晨黄昏经过它们和十二棵杨树、一棵花楸树组成的篱笆，心情很好，我忘了曾经对它的不喜。车子开过城中的住宅区，不时看到院子里有它的身影，亮黄的花枝浓密，好像要渗出金子的颜色，让我有些吃惊：这不像是记忆里的连翘花。

前日给学习中文的学生放《霸王别姬》，头一回注意到这个细节，小癞子投缳自尽，只得一领破席，眉清目秀的小豆子抱了一捧花枝，搁他身上，从此永诀。板车咿咿呀呀地远去，那捧花正是连翘，绽放在清寒冷峻的故都冬天，盖着一具冰凉的躯体。

那一刻，我对连翘的情感彻底改写。

米尔科克杜鹃园

　　复活节假在迪安和鲍勃家过，他们住在威德比岛上，岛上有个米尔科克植物园。这曾是一座私人植物园，20世纪60年代安和麦克斯·米尔科克夫妇俩为小岛风景着迷不已，就买下13英亩的土地，计划创建一个太平洋西北地区风貌的林地植物园，灵感来自英国罗斯恰尔德家族的埃克斯伯里花园，后者是全世界规模最大的杜鹃园之一。1979年安去世前，把这座已扩充至53英亩的"秘密花园"赠给西雅图杜鹃学会，由他们来接管照料。

　　现在的园子对外开放，是一座别具韵致的植物园。杜鹃盛花期还未到，访客不多。园中幽静清雅，地上长满青绿鲜嫩的苔藓，肾蕨长着庞大的羊齿叶，森森然有古意。树木主要有雪松、铁杉和冷杉，都是森林树种，也有稀奇的品种，比如智利杉，针叶演变成厚硬的尖甲，每一枝都像个狼牙棒。

这些伴生植物为园子的主角——北美杜鹃——造就了最适宜的环境，杜鹃性喜阴凉。安·米尔科克生前为美国杜鹃学会的西雅图分会工作，这个植物园中有夫妇俩共同培育的杜鹃杂交品种，共计五百余种，也有他们收集的独特品种。对很多访客来说，米尔科克植物园就是一座杜鹃花园。

这里确是观察不同属种杜鹃的绝好地点。大致而言，英文中俗名叫作Azalea的这一类亚属多为落叶灌木，国内有映山红之名的杜鹃品种即属此类；叫作Rhododendron的另一类亚属则是常青灌木，阔叶韧如皮革，植株也较高大。另外，Azalea的花有五根雄蕊，而Rhododendron的有十根。它们实在是炫耀的花朵，无论植株高矮，盛开时花团锦簇，明艳照眼，有时我不免嫌它俗丽；但若是阴雨连天，心情郁郁，突然看到一大丛泼辣辣的杜鹃，那种叫作"罗斯福总统"的杂交品种，叶片深绿中有黄纹，花瓣由红入白，四种色彩相映成趣，真是把四周的阴霾全都照亮了。杜鹃也是生命强韧的花，如果懂得选取品种，照料得当，四时皆有花开，是庭院花卉的首选。

米尔科克夫妇精心设计了园林中的花境，除了杜鹃，他们也

米尔科克林地植物园

栽下玉兰、樱花和四照花，这些花树和植株较高大的杜鹃一同构成春花烂漫的天空。

时令未到，花坛里的黄水仙和风信子依然主导着低处的风景，此外有各色欧洲报春。园子里的建筑和装饰都别具匠心，充分渲染林地的概念：一个原木小屋，屋顶覆满厚厚的青苔；一个砖石结构的凉亭；或一截残留的树桩，可供人小憩。沿着小径走向花园深处，有小池塘死水微澜，一只绿头鸭静静地浮在水上打盹，寂寥的感觉挥之不去。有奇怪的鸟鸣，一串尖利的哨音，迪安说是猫头鹰。

最后我们停留在啄木鸟树前，叶子已经落尽，光秃秃的褐色树干上遍布着啄木鸟留下的洞眼，黑黝黝的，啄木鸟不知所终，耳边还回荡着它敲击树干的声音："笃笃——笃笃——笃笃。"

朝鲜蓟

迪安热爱烹饪，天天变着花样做菜，有一晚我吃到了朝鲜蓟。朝鲜蓟这奇妙的蔬菜，英语叫artichoke，那不就是"艺术的窒息"吗？我自作主张地把这个词拆成art和choke。它像一朵硕大的球形花苞，不过一层层包住内心的不是柔软花瓣，而是粗硬的苞片，草绿色，最尖端泛出紫色，花托粗大，有纵纹，手感糙，更像一棵大松果。

吃法更奇，先剁掉花托，剪去苞片的尖端，然后在水里煮熟至筷子能轻易插进，拿出沥干。相同分量的三大勺酸奶、蛋黄酱，少量柠檬汁和蒜粉，调成酱，吃的时候从最外层开始，每次剥下一片，蘸酱，手持根部，用上下两排门牙齐齐碾过苞片，将靠近尖端那部分绵软的内容挤出来吃。还好，离核心越近，苞片越柔软，到后面可以整片吃下；核心，是绒状纤维，嫩的话也可以吃，老了就会卡在嗓子眼里，据说名字中的窒息就是这么来的。从一朵花苞，到一盆残壳；从外围的坚硬，到内部的柔软；我头一回发现，竟然有这样的蔬菜，吃起来好像在探索秘密、追寻真理，不禁大呼过瘾。

我和迪安、鲍勃三人围桌而坐，一人一颗，边吃边聊。朝鲜蓟，原来还是种具有社交功能的蔬菜。像我们中国人爱吃的瓜子、花生，一切需要剥皮才能吃到瓤的东西。

怪事还没有完，它是碱性很强的蔬菜，蘸酸奶、柠檬汁就是为了中和，使它不致过于影响我们的味觉。但是我在连着吃下四片再去喝白葡萄酒时，酒味明显不同了，舌尖发甜，甜味接着扩散到整个口腔，极为强势，经久不息。

果然是种很艺术的蔬菜，真好，我也不用窒息。

后来，迪安做比萨的时候，我看到她把罐装的腌制朝鲜蓟放在比萨上，味道也很好。她告诉我，朝鲜蓟源于南欧地中海一带，19世纪，西班牙人把它带入了加利福尼亚。现在，它是此地超市里的常见蔬菜，价格并不便宜，我看迪安都是等打折的时候才买几头。

中文译名的朝鲜蓟，朝鲜二字所来为何，我却一直不明白。

闲情

最后一轮的绯色樱花。

粉白的苹果花衬着嫩绿的新叶，深灰色的遒劲枝干，清新动人。

绿草如茵，星星点点的金黄和洁白，蒲公英，还有小雏菊，最容易让人有在上面打滚撒野的欲望。

海鸥的叫声为何总是凄厉，尤其冷雨中，大叫着飞过我的头顶，在路灯柱上停下，收拢双翅，开始发呆。

一只黑鸟振翅飞过，尾翼呈扇形，于是我知道是乌鸦；如果是楔形，就是渡鸦，英文中的raven，没错，爱伦·坡诗歌中的死亡象征，没想到此地渡鸦很多。

苹果花（Apple blossom, *Malus domstica*）

丁香开了，浅紫明丽，雪白淡雅，特意凑过去狂嗅。微雨中的丁香，开在不为人知的角落，只有我看到了她。

树荫下的一片浓绿草地，草叶繁密的深处是什么呢？总会想起威廉·卡洛斯·威廉斯那首未亡人春日哀悼的诗，她想要走过去，陷进去，淹没自己，在附近的湿地中。

大风起兮，云团涌动，给东边的山头斑驳的积雪投下黑色的阴影。

我每天都能看到山，山始终在我视野之内；而我要向西骑二十分钟车才能看到水，而河流始终在那里。

我们的气象从东边来

Our weather usually comes from the east. 我们的气象通常从东边来。不在这样的乡间住过的话，不知道此地人常说的这句话是什么意思。华盛顿州被南北走向的喀斯喀特山脉一分为二，以山为界的两地气候和地貌相去甚远。高大的山脉阻住了海洋上的低压雨云，于是山西雨量丰沛，山东则干燥少雨。

在斯卡吉特谷，你可以亲眼看到气象是怎么变化的，动静都在眼皮底下，在头上方。哪片云是雨云，它往哪里移动。如果你还在乡间住了一辈子，日日耕耘土地，关注天气，就会拥有更多知识，比如闪电的形状哪种是更危险的，我总觉得这些知识比所谓国家大事要重要得多。

斯卡吉特河自延伸至加拿大哥伦比亚省的喀斯喀

气象万千的斯卡吉特谷

特山脉流出，一路向南向西，汇入普吉特湾。流域广阔，冲积出六千九百平方公里的土地，无比富饶。农业垦殖的历史在本州源远流长，可追溯至择河畔而居的印第安人。

我的小城弗农山，就在斯卡吉特郡。我任教的社区学院，也叫斯卡吉特谷学院。在平坦辽阔的田野上，抬头望天，发现似乎不止一片天空。有时头顶上乌云四合，而灰色的云层边缘，分明露出一角明朗的蓝色，于是你知道自己头顶上这一大团乌云终究也会消散，蓝天重新显现；或者乌云压顶，天际却金灿灿的一抹亮色，太阳在乌云之外沉落，这种鲜明的对比总让人惊叹不已。同一片天，然而晴朗与阴霾共存，这可以吗？人的心灵也可以如此吗？

一日之中，天气也变化多端。我晚上写日记，天气一栏总是写得详细：雨转多云转雨转晴转雨转晴，一一记录，决不嫌麻烦。

虽然难以预料，天气总归温和，雨来得快停得也快，从不见此地人下雨时打伞。当然，他们在外步行的时间也有限，多半都在汽车里。

此地人家若有看得见风景的大宅，通常是厨房的窗户望出去，一片开阔的山野，主妇站在窗前，就可以看到天气怎么变化：暴雨将至时乌云压城；或是雨过天晴时阳光明媚；风刮起来了，天上流云飞转。而如果我是那个主妇，大概整日都会痴痴地站在窗前，忘了灶上的开水在煮。

倒挂金钟·四照花

倒挂金钟，高悬空中。

倒挂金钟的英语是fuchsia，名字取自德国科学家、植物学三大创始人之一的莱昂哈德·福斯（Leonhart Fuchs），还有一义是紫红色，倒挂金钟常见品种的那种艳紫红。

妈妈以前常养这种花儿，好侍候，花期又长。我也养过一回，果然如此。很喜欢它的形状，四枚萼片向上翻翘，有种俏皮劲儿。

这一天，我在斯卡吉特谷花园第一次看到重瓣的倒挂金钟，惊喜不已。单瓣品种呈钟形的小小垂花，重瓣则层叠翻转，一下子变得富丽堂皇。花骨朵圆鼓鼓的，再加上萼片的纹路，和春节时挂的大红灯笼一模一样。颜色则与花名代表的紫红色有些距离了，萼

倒挂金钟属（*Fuchsia*）

片桃红，花朵粉红，甜美而喜悦。

很少仰拍一朵花儿，而倒挂金钟是必须仰拍才出效果的，花蕊可以看得一清二楚。这个温室就这样从一头到另一头，空中贯穿了七八条倒挂金钟的盆花走廊，绿叶纷披，红花悬垂，我们徜徉其中。

倒挂金钟原产南美，有的品种可以长成一米多高的花树，那该有多壮观啊。

同一个花园，还认识了名字特别的狗木花，英文名是flowering dogwood，直译就是开花的狗木。中译名大花四照花，倒是贴切，乍一看，可不就是四片耀眼的大花瓣吗？等一等，这并不是花瓣，而是苞片，真正的花朵是中心那密集的一小簇。我看到的这个栽培品种"勇敢的切诺基人"，苞片颜色深红，纵纹清晰，艳而不俗。

大花四照花属于山茱萸科，是美国南方土生的植物，北卡罗来纳州和弗吉尼亚州都以它为州花。据说它的树皮能治疗狗身上的疥癣，"狗木"的名字由此而来。在水土适宜的南方，一棵花树有时能长到十米之高。

小城中人家的庭院花园里，有时能见到粉红色的四照花，也有白色。常常拐过一个街角，远远看到一棵明丽粉红的花树，枝桠欠伸舒展，花朵如蝶群小憩枝头，蝶翼微微扬起，我唯恐一阵风过后，枝头上将一无所有。这是春日里最赏心悦目的风景。

人能仰望，就是幸福

　　我想不起来谁教我认识北斗七星了，这真奇怪，通常我会牢牢记住提供这样重要知识的人。必定是某个夏日的夜晚，必定有人在操场上缓缓地散着步，耳畔有声音在说："看到了吗？像个勺把儿？"耐心的，温柔的语调，是妈妈吗？一生中认识的第一个星座，一定是妈妈教的。

　　还有一个声音："你把北斗七星中那两颗连线，一直延伸下去，在北边天空会看到一颗独立的亮晶晶的星星，那就是北极星了。"沉稳有定，是个男人的声音。不是爸爸，是三舅舅？他的知识面最广，和我兴趣相投。

　　这个我听得真切，姐姐说："看到那三颗并排的小星吗，那就是猎户座的腰带！"还听到自己兴奋的声音："真的呀，看得好清楚！"冬夜，清寒，呵气成霜，但也只有这样的冬夜，才能看到美丽的猎户座。姐姐是这个星座下出生的。

秋天，灵山之夜，我们一群人都在草地上躺着望天，同行的男生喊道："看，银河！"脑海里迅速滑过无数诗句，最后停在这句上：盈盈一水间，脉脉不得语。我听见自己在问："牛郎和织女在哪儿呢？""在银河的两端，你有没有看到两颗较大较亮的星？那就是牛郎和织女。"男生说，"织女星亮度是零等，是最亮的星啊。"我看到了，愣在那里，男生还在耳边絮絮叨叨："你知道吗？因为我们距离星星遥远，光要经过漫长的旅行才能到达我们这里。所以你看到织女星的时候，看到的是26年前的它。"从此对那个男生刮目相看。

昨天晚上，我在安迪和玛瑞家里第一次看到行星朱庇特，也就是木星，它从来没有离地球这么近过。用肉眼就可以看到光芒四射的它，而从放大几百倍的天文望远镜里，可以清楚地看到围绕着它的两圈光环，仿佛是暗色的斑点，而它的左侧，有四颗卫星，按距离木星的距离排列，由近及远分别是木卫一到木卫四：艾奥（Io），欧罗巴（Europa），伽倪墨得斯（Ganymede）和卡利斯托（Callisto）。在希腊神话中，艾奥是天神宙斯（即罗马神话中的朱庇特）的情人；欧罗巴是腓尼基公主，宙斯变身为一头白色的牛，将她诱拐至克里特岛；伽倪墨得斯是为众神酌酒的美少年；卡利斯托也为宙斯所爱，被天后赫拉（即罗马神话中的朱诺）所妒，被她变成一只熊。他们都是天神朱庇特爱慕的女子或是少年名字，命名者是个浪漫的人呢，这样一来，他们终于可以常伴爱人身边，不必担心嫉妒成性的天后赫拉报复。它转得好快啊，几秒钟就消失在望远镜的视野中，朋友说："木星的一天只有9.8小时。"

我不能不想到小王子的那颗行星，它有个代号的，我忘记了。数字对我并不重要，重要的是那颗行星上，小王子只要把椅子向前移动几步，就可以看到下一次日落。如果他喜欢，就可以随时看到夕阳的余晖。

人能仰望，就是幸福。

墙花

　　她们是早春的花儿，现在都已经凋谢，现在是暮春，还是初夏，我搞不清楚，然而空气里开始飘散野玫瑰的芳香，醉人的芳香，我吸一口，再一口，又一口。

　　看到她们的时候是在我房子侧面的花坛里，白墙边上，明黄和橘红的四瓣花，开放在修长植株的顶端，花苞紫色或青色，叶子纤细如竹叶。迎着风，每一枝都显得单薄，如身材瘦削的女郎，茕茕孑立。即使开成一片，也不觉得热闹，反倒是更凸显了单株的寂寞。

　　我会专门绕到侧面去看望她们，来往的路人是注意不到的。

　　迪安某日来访，我带她参观每个花床，她是植

"墙花"（Wallflower, *Cheiranthus cheiri*）

物通，一路不停地报着陌生的名字，我突然听到一个奇怪的名字："墙花"，wallflower。我们正站在这些黄花前，"这就是墙花？"我无法置信地问道。"是啊。"迪安肯定地说。

竟然真的有一种花叫作墙花，它就开在我的墙边，我心中充满惊奇。最初知道这个词还是从《飘》里面，思嘉姑娘一出场就在和司徒两兄弟调情——

> "思嘉，我们谈谈明天的事吧，"布伦特说。"不能因为我们不在，不了解野宴和舞会的事，就不让咱们明儿晚上跳好多舞。你没有答应他们大家吧，是不是？"
>
> "唔，我答应了！我怎么知道你们都会回来呢？我哪能冒险做墙花，只等着伺候你们两位呀？"
>
> "你做墙花？"两个小伙子放声大笑。[1]

美艳风情如她，思嘉姑娘怎么会做舞会上无人问津的墙花，真正让司徒两兄弟笑掉大牙。然而我脑海里有这样的情景，大学食堂的舞会上，靠墙一排椅子，上面总是坐着些似在从容说笑的女孩，却有飘忽的眼神，投向四下里彩色光柱中舞动的人群。墙花，她们都是寂寞盛开的墙花，等待有心人来欣赏她们精心装扮过的容颜。那是大学里还举办交谊舞会的年代。

"拉丁名*Cheiranthus cheiri*，它那芳香的黄色、红色或紫色花朵，多在老墙、岩石和采石场边生长，因而得名'墙花'。该植物名称首次记载见于1578年。没有人知道谁最先把这种雅致芳香的花与在舞会上没有舞伴单独坐在墙边的女子联系起来，但这种比喻的用法最早见于坎贝尔·普莱德（Cambell Praed）夫人1820年写的小说《郡县舞会》。该词起初只用来描绘女子，后来则男女都适用。当然，一个人即使周围没有墙也能成为一朵'墙花'。"——字典里这样解释。上面最后一句是说：生性羞怯，不主动参与活动的人，都可以是一朵墙花。

　　它其实有个很美丽的中文名字：桂竹香。

注释

[1] 译文参照了傅东华先生的经典译本《飘》，略有改动。

野生动物日

今天，5月11号，我把它定为野生动物日。

水塘

校园外那个小水塘，一向不太注意，去年冬天结冰的时候，岸边枯黄的香蒲丛中还伸出多支颀长的褐黄色花棒，我知道它的英文名字叫猫尾巴，cattail，中文查了一下才知道是香蒲。冰面上，竟然孤零零栖着一只绿头鸭，我震惊地想到《麦田里的守望者》里霍尔顿的追问：那些野鸭子怎么办怎么办怎么办？他在问那个出租司机，中央公园的寒冬，池塘冰封，野鸭子往何处去。

定睛一看，那是只木头刻的鸭子，问了人，说是本想用它来招引真正的野鸭，所谓诱鸟。可惜，计划失败。

然而，春天到了，野鸭不来，美洲红翼鸫结伴飞来。这是我到这里后新认识的不知第几种鸟了，red-winged blackbird。再见乌鸫，《西雅图不眠夜》里那个自幼丧母的孩子，他有一句话最让人心痛："我开始忘记她了。"汤姆·汉克斯于是为他细细道来妈妈的种种好处，为他唱那首听惯了的催眠曲，bye bye blackbird，再见乌鸫。

而这是美洲红翼鸫。

雄鸟一振双翅，黑亮的羽翼划过水面，两肩各有一块椭圆的耀眼红斑，随翅膀舞动而飞旋，旋至半空，雄鸟开始徘徊不定，忽上忽下，还唱着脆快的歌，在水塘的另一头，青绿的香蒲草间，有只褐色斑驳的雌鸟正在遥相呼应。两只鸟翩翩飞动，跳的舞好好看。

愚钝的我突然恍然大悟，嘤其鸣矣，求其友声，这是春天呀！

诗经中是黄鸟，又叫黄鹂，出自幽谷，迁于乔木，眼前是乌鸫，又名黑鹂[1]，出自山林，栖于香蒲。

这样胡乱比较着，鸟儿飞远了。

野地

我似乎已经很久没有涉足野地了。

美洲红翼鹪雄鸟（Red-winged Blackbird, *Agelaius phoeniceus*），摄影: Richard Hurd

野地里杂草丛生，密不透风，清亮的虫唱一刻不停。毛茛开得星火燎原了，点点金黄；雪白的雏菊，似乎是叫作牛眼菊的那种，最适合拿来测试"爱我，不爱我"的命运；红花和白花苜蓿，飞舞的蜜蜂，加上我的梦想，就可以成就一片草原。

但成就一片野地已无须梦想，它就在我脚下。深一脚浅一脚地，我走向野地深处。

后院

我走到房前，不急着进屋，先绕到后院去看花，艳粉的杜鹃开得正好。

草坪上很热闹，乌鸦在叫，小兔子在跳，浅褐色的棉尾兔，就是彼得兔的那个兄弟嘛。我的到来并不受欢迎，它们都一溜烟跑掉。曾做过一个梦，梦里我和它们用汉语交谈，喝水吃南瓜，亲如一家。此刻，我却觉得自己那么多余。

为什么我要那么大步咧咧地走过来，而没有放轻脚步，静静地靠近？我真是只猪。

我要真是只猪，它们都不会跑掉的。

注释

[1] 红翅乌鸦又名红翅黑鹂、美洲红翼鸫。

鲜花还是杂草

我的忍耐是有限度的。

最开始是蒲公英，然后是金雀花，接着是三叶草，黄油杯（毛茛），现在竟然轮到黄色鸢尾了！

在此地人眼里，它们都不是花，只是杂草，房前院后的草坪上一旦瞥见它们的身影，必拔之而后快，而且要连根拔。必要时，找来管子，喷药，一了百了。

一切，只是因为这些植物的生命力格外旺盛，繁殖力格外强大，正如星星之火可以燎原，它们也可以一夜春风起，来日满庭芳，一分钟一英里的速度，哪个追得上。更加名贵的花木被侵占了大好生存空间，于是，这些植物的名字都统一为一个：杂草。

怎样看到鹿

蒲公英〔Dandelion, *Taraxacum* sp.〕

越是高档社区，越不能见到草坪上有蒲公英的黄花和绒球，它们成了下等的代名词。某日看到一个华人在论坛里无情地批判蒲公英，因为它的存在，自家的庭院不够清洁美观，她在邻居面前都抬不起头了。

韦氏词典的定义：

> 杂草：生长在对人类活动不利的场地的植物，特别是那些生命力极强，或阻碍其他有价值的植物的品种。

完全是相对的，有没有价值，这取决于人类的利益，自然母亲可曾对植物界的子女们划分等级吗？

有一个女子，小时候爱极了野地里"安女王的花边"，捧着一大丛沾着泥土的小白花回家，遭到母亲的驳斥："那是杂草！以后别再带回家！"小小的心灵无法理解，在她毫无偏见的眼中，那明明是美丽的鲜花。一直到三十年后，有一天，她在常去的花店流连，突然看到"安女王的花边"，洁白小花，伞状花序，和多年前的那束毫无二致。她抑制不住惊讶地问店员：这如今也是鲜花了吗？店员笑说：它难道不美吗？

这个故事的重点在于女子多年后问出的那句话，她已经被成人世界洗脑，忘掉杂草原本就是童年的她珍爱的鲜花了，何其可悲。

让我们记住这样两条英谚：

一、野草只是长错了地方的植物。(A weed is only a misplaced plant.)

二、鲜花还是杂草，区别仅在判断。(The difference between a flower and a weed is a judgment.)

当然，你也可以说，我不知道锄草的辛苦，所以才会为它们打抱不平。

但是，我依然坚持，为了你说"它们是杂草"时不容置辩的语气。

这个国家的第一位浪漫主义大诗人沃尔特·惠特曼终其一生，修改他那本叫作《草叶集》的诗歌。我知道，他深爱着春天的第一朵蒲公英，有诗为证：

第一朵蒲公英

纯朴，清新，美丽，在冬日将尽时出现，

仿佛这世界从未有过做作的时尚、交易和政治，

从荫蔽草丛中的灿烂角落探出头来——天真，金黄，宁静如黎明，

春天的第一朵蒲公英露出它深信的脸。

弗农小城

绣球，八仙，紫阳

我看到朋友写的绣球花，就是八仙花，五月中旬开始，大洋彼岸的小城弗农山四处盛放的花朵，我住过的院子里也一定开了，去年是蓝紫色，今年会不会变成粉红？读了朋友的文章我才知道八仙花的颜色会随土壤的酸碱度改变，也就是养花人都可以控制。难怪花语叫作"易变的心"。

绣球花还叫紫阳花。"相传白乐天到一寺中，寺僧以无名花考问其名，白随口而说'紫阳花'。后来多是寺院禅林多种植绣球，尤其是日本。"网上看到照片，神户市立植物园里的八仙花美轮美奂，碧蓝、蓝紫、深紫、紫红、粉红、洁白，还有翠绿，花瓣柔韧，脉络清晰，具有一种令人专注的力量，望之心静。

绣球属（*Hydrangea*）

小时候倒是看过一个日本片子，就叫《黑猫与八仙花》，恐怖片，雨天的氛围，音乐诡异，里面猫的黑和八仙花的白，对比强烈。

　　深秋的时候，看到它一团硕大的干花，形状完整，每一片枯黄的花瓣都在，惊叹，似乎它知道自己会成为干花里最受欢迎的品种，因此分外爱惜自己。

　　去年夏天到旧金山的九曲花街——伦巴底街，大概是世界上最弯曲的街道，只三四百米，却有八个急转弯儿，这要归因于陡峭到40度的斜坡。我们从坡上往下走，每道弯儿都是花坛，粉红色的绣球花如火如荼，伴我们一路下行，到了底下得以观其全貌，那是九曲八弯的绣球花丛。恰好一辆小车开下来，小心翼翼却准确熟练地绕过一个又一个的粉红色绣球花丛，仿佛特技表演。

　　而我最爱的那一片绣球花长在弗农山小城，穿过那片寥落的街区，看到那面破败的灰墙，丑陋的空调机下，有一丛世界上最鲜明美丽的"绣球八仙紫阳花"。

　　想到它会一年年奇迹般地变换颜色，便有些惘然，来年我去看它，若是粉红变作蓝紫，我可会大惊失色吗？它变了颜色可会丧失上一个花季的记忆吗？我的问题是不是有点多？

　　　　　怎样看到鹿

怎样看到鹿

忘掉路边穿越
去哪儿都别带枪。
去别处，走自己的路，

孤独而不足。或者
守一夜，早起。
在密林边

栖息在古老的果园。
林中的空地都可指望。
日出很好，

日出前要有雾。
不要刻意期待；
慢慢找到你的运气。

等风吹落果实。

利用时间，

学习识别蕨类；

模仿乌龟，

下坡到缓缓的小溪。

在苍鹭的指导下，

畅饮纯粹的静谧。

让风包围你。

如果你像山杨那样颤抖，

相信你敏锐的天性：

让耳朵教你

朝哪个方向聆听。

你渐渐呈现出

保护色来；现在

颜色适应了

你眼中新的形体。

怎样看到鹿

到现在你终于学会了
在不等待中等待；

就好像黄昏
注视着天光黯淡。
轮廓凸显

事物面目趋同。一切
都了然于心。看
你所看到的。

无意中读到菲利普·布思这首小诗，立刻钟情。我把它翻成
了中文。

菲利普·布思是新英格兰诗人，笔下景物皆来自东北部的缅
因州，那也是林木深密有鹿出没的地界。

在西北部的华盛顿州，走对地方，运气好的话，你也能看到
鹿。

第一次是在秋天的华盛顿州立公园，玛瑞的车行在穿过林子
的路上，缓缓开去，她说这林中总有鹿出没，仔细瞅瞅林中的空

哥伦比亚黑尾鹿（Columbian black-tailed deer, *Odocoileus hemionus columbianus*），摄影：Dan Magneson

地吧。而我们的运气真好，竟然有只小鹿来到路边低头啃草。我们停下车来，唯恐惊扰了它。小鹿还是回头，往林子深处溜达。我们下了车，静静目送它的背影。更好的运气还在后面，林子中的空地上，还有一只黑尾鹿，那是一片冷杉林，林下有草和灌木丛，正是鹿的食物来源。也看到几棵叶子油绿的桉树，但它们不吃桉树叶。两只鹿温顺美丽，我们一直看到它们离开，往更深的林子里去。

这是哥伦比亚黑尾鹿，北美黑尾鹿的一个亚种，美国西北部最常见的野鹿，喀斯喀特山脉以西到太平洋沿岸，都可见到它的影踪。

第二次见到鹿，却是惊心动魄的一幕，至今忆起仍为那只鹿伤怀。那是圣诞前夕的威德比岛上，晚饭后，迪安的朋友茉莉莎开车带我去看电影。我们正在天南海北地聊天，突然一声巨响，就在我意识到车子撞到什么了的同时，从前车窗看到一只大鹿离我如此之近，就那么一瞬，我们的车撞到它又开过去，根本来不及反应。我们撞到鹿了，这样的事被我们遇上了，以前只是听说，夜晚汽车的灯光会惊到鹿，它不假思索地跑过马路，反而被汽车撞个正着。我们仨谁都没有看到它跑过来。太突然了，所有事故都是这样突然发生的。茉莉莎惊魂未定，连声说我该怎么办。她女儿娜塔莎说应该报告给警长，他们会处理。接下来是好长时间的沉默，我们都很难过。

这是我第二次看到鹿，却是这样的相遇。路毙的动物，roadkill，我无奈地学会了这个陌生的词。

后来我了解到，鹿儿好奇，总是喜欢到林子边缘近路的地方，可是汽车开来，一受到惊吓就横穿马路。来年暑假随迪安和鲍勃公路旅行，在怀俄明州的大提顿国家公园，亲眼看到一只黑尾鹿惊慌失措地来回横穿了两次马路，因为另一侧是溪流，它真正无路可逃。你无法不为鹿面对急速驶来的汽车时的仓皇无助难过。

那一个夏天，我们又看到路毙的动物，两只鹿、一只臭鼬，臭鼬的味道浓烈，几乎令人晕眩。鹿的个头大，远远就能看到它横尸路中。

迪安和鲍勃住在威德比岛上的林中木屋，一住就是三十多年。她告诉我，有一次，一只待产的母鹿饥渴无着，竟然到屋子门口来求助。林中人家，门口常放块盐砖，供野生动物舔食，补充体内盐分。而丽贝卡的朋友也住在林子边缘，春天她拍到母鹿带着小鹿的温馨照片。

住在弗农山小城的我听十年前来过这里的交换老师说，在傍晚无人的校园，在城中空旷的公园，都有鹿儿出没。它们是天性好奇的动物。

二　北京

鸦群

十月的一天，我在博客里写道：

"傍晚天空依旧明亮的时候，一大群黑鸟风卷云涌地飞过，消失在北边的楼群上空。

"后来又有一群，黑压压地，飞到同样的位置消失了。

"过了一会儿还有七八只，明显是要迟到了的样子，急匆匆的。"

我以为它们会飞往西山赴约，鸦族有重大的集会。观其形状大小，听其粗哑鸣声，是鸦族无疑。

但又有一天，也是傍晚时分，一大群黑鸟从北往南飞，和之前的方向相反。南面无山，只是林立的楼群，喧嚣的市井。它们所来为何？

更多的时候，它们的路线是由北向南，飞往城

怎样看到鹿

中。也有三月的早晨，看到鸦群从城中往外飞，由南向北。还有一个傍晚在天安门，大群乌鸦在头顶黑压压地聚集，十分惊人。

后来慢慢发现规律，这样的"异象"，总是深秋开始，一直持续到早春。写一篇动物小说固然清新动人，但科学的解释也发人深思，比如说天气渐冷，由于城市的"热岛"效应，乌鸦会成群飞入城中，栖息在行道树上过夜。而它们结群出城觅食，目的地是郊区的垃圾填埋场，人类的生活垃圾为它们提供了丰富的食物来源。

中科院动物研究所的黄晓磊研究员，就在科学网上发表过一篇文章，专谈这群飞过北京城上空的乌鸦。他有三点观察：一是北京城的乌鸦种群主要集中在长安街区域、公主坟区域、北师大区域，以及一些历史较悠久的大公园。二是北京城乌鸦聚居的现象由来已久，至少清代已经有了记载，如《清稗类钞》中写道："太庙多鸦，每晨出城求食，薄暮始返，结阵如云，不下千万，都人称为寒鸦。"三是部分鸦群每天沿着大致南北中轴线的固定路线来回。他将其界定为乌鸦的城市生态学问题。

鸟类学家赵欣如还提出，乌鸦喜欢栖身于有光亮的地方，如京城中心主干道的行道树上，这样一旦天敌来袭，可看得一清二楚。真是聪明且善于适应的鸟类。

我是一个方向感极差的人，活动范围也比较固定，大部分时间只在海淀区的一隅谋食，一年去不了两三次长安街，偶尔去个陌生的街区都有可能迷路；想到有翼能飞的鸦族不禁钦佩有加，凭借它们的智慧，早已摸清这座庞大城市的脉络，熟悉城中和城郊的气味，深谙垃圾里的秘密。

　　如果鸦族能言善思，它们定然是最权威的城市生态专家。

又见红隼

一位不速之客停在我窗外空调机座的围栏上，这是十五层楼的高处。在北京城，我从未见过这样一只精武的鸟，眼神却很单纯。我轻轻地靠近窗户，拿起相机拍照，一张，两张，三张，它陡然振翅，高飞而去。

老人说是鹞子。

我把效果不佳的照片贴到博客上去，有一位常年观鸟拍鸟的"鸟人"网友留言，说这不是鹞子，却是红隼。我在网上找到了一些资料：

红隼，别名茶隼，属于隼科，学名为*Falco tinnunculus*。俗名Common Kestrel。小型猛禽。全长35厘米左右。雄鸟上体红砖色，背及翅上具黑色三角形斑；头顶、后颈、颈侧蓝灰色。飞羽近黑色，羽端灰白；尾羽蓝灰色，具宽阔的黑色次端斑，羽端灰白色。下体乳黄色带淡棕色，具黑褐色羽干纹及粗斑。嘴基蓝黄色，尖端灰色。脚深黄色。雌鸟上体深棕色，杂以黑褐色横斑；头顶和后颈淡棕色，具黑褐色羽干纹；尾羽深棕色，带9~12条黑褐色横斑……

我头一回发现科学语言的准确和清楚，这样一种冷静客观的笔触，和诗人的抒情写意完全不同，但我也喜欢。我又怀念起在弗农山时丽贝卡借给我的那本厚厚的鸟类图鉴《希波利鸟类手册》，大卫·希波利在书中为每一种鸟都绘下了伫立和飞翔的形象，幼鸟、雄鸟和雌鸟也分别画来，全部是亲笔手绘，笔触细致精美，令人叹为观止。他十二年的心血浇注才成就此书，而最终一稿的美术和文字共花了六年才完成。

要是手头有这么一本类似的中国鸟类鉴别手册该有多好哇，我感慨着。

那是2005年的九月，一只红隼曾经在我的窗外停栖，它收敛双翼，一动不动地立于空调机座外的栏杆，显得冷静沉着，而它展翅飞去的飘逸，御风而行的平滑，令人看迷不已。

五年后我读到海伦·麦克唐纳的《隼》，爱不释手。这位文笔绝佳的英国博物学家也是一位职业驯隼师，她在书中准确勾勒出隼的生物学和生态学坐标，然后细细梳理隼在人类历史和文化中的角色的演变。"城市隼"这一章里，她写到以城市上空为家的美国游隼，将高耸的建筑物当作悬崖栖身，它们高高在上，远离下面都市丛林的拥挤混乱。

同年九月，一只红隼再度来访。有天早上起来，我走到窗边拉开厚厚的窗帘，这动作惊起一只大鸟，它之前停在空调机座的栏杆上，照例是猛禽喜欢的高度和位置。它舒展双翅，在空中潇洒盘旋。在那短短的一刻，我确定它是一只红隼。当它展翅飞去，尾羽上美丽的斑纹清晰可见。

不由不想起霍普金斯那首《茶隼》，虽是茶隼，也完全对景：

> 我今晨撞见清晨的宠臣，昼光/之国的储胄，……/如同冰鞋之踵平滑扫过弓弧之上，/猛扑和滑降吹起大风一场。为一只鸟激荡/我隐蔽的心，——为物之成就与掌控而激荡！[1]

又是惊鸿一瞥的相遇，和五年前一样。是什么又把它带来此处？我愿意臆想这是同一只红隼，它还记得这个临空蹈虚的位置，记得这片城乡交界处的地带。视线所及，有一大片计划用作高尔夫球场却未实施的绿地，树稀草长，平阔坦荡，以它精锐的眼神，一定发现了什么猎物，田鼠或者蚱蜢。

臆想归臆想，真实情况是，秋天开始，在城市的楼群和远郊的田野上空，都能看到红隼的踪影了，它是冬候鸟[2]，一年一度的迁徙过境，运气好，在自己的阳台上，就能和它一期一会。

注释

[1] 作者注：霍普金斯（Gerald Manley Hopkins, 1844—1889），英国维多利亚时代的杰出诗人，致力于诗歌音韵的创新。《茶隼》（Windhover）是他的代表作之一。书内译文摘自：http://site.douban.com/137464/widget/articles/6282518/articlo/169411367/。

[2]《中国鸟类野外手册》中将红隼的分布状况描述为："甚常见留鸟及孚候鸟。指名亚种繁殖于中国东北及西北；interstinctus为留鸟，除干旱沙漠外遍及各地。北方鸟冬季南迁至中国南方包括海南及台湾越冬。"观察者依据个人所在地的不同，有可能对红隼的分布做出"冬候鸟""夏候鸟"或"留鸟"这般并不一致的描述。

野猫走过漫漫岁月

第一次看到这些野猫，是在学校西院德语楼后的草地上。两只大的，三只小的，小的稚态可掬，可爱极了。我放下一个刚买的包子，它们闻闻，舔舔，又离开了，是不知从何下嘴吗？我就把包子一掰两半，鸡蛋白菜馅，它们终于来吃了，边吃边玩，想用爪子把包子转悠起来。正在这时，猫咪突然向同一个方向奔去，仿佛见到了亲人。我看到一个拉板车卖破烂的老人停下来，下车，嘴里念叨着："别急啊，我先回去做了他们的饭，再来给你们做啊。"他身材矮小，头发蓬乱，但是眼睛很有神。说实话，看到他的样子，我的第一个念头是他是从精灵世界里走出来的，气度不俗。

我问他："这些都是野猫吗？"

他大声反驳："这哪里是野猫？野猫是山里的，特大的那种！这都是家猫，被人丢了的！"激动不已。

我告诉他我给猫喂了一个包子，他说："谢谢你喽。我每天就喂它们一顿，还有个老师也常喂的。一共十三只呢。有只大灰猫，特好，英国种，要卖几千呢，找不着了，已经十八天没见了，十八天了！"关切之情溢于言表。

一只四蹄踏雪的黑白花猫渐渐成为我注意的对象，我给它起名叫"小二黑"，另一只喜欢跟它做伴的白猫就是"白咪"。白咪起初胆小，跟小二黑相熟以后，也敢围上来跟它一起进食。白咪性情柔顺，小二黑更顽皮，它会爬上一棵小松树，伸爪扑打栖在树顶的喜鹊。

有一天傍晚我遇到了传说中的"猫天使"，猫天使一词，我是从台湾作家朱天心的《猎人们》一书中看来的。现实里的这位猫天使，是一位老教授，她说她每天傍晚来放一次猫粮，坚持几年了，每一只猫她都认得。德语楼后草地的这一群，由她负责，还有几个老师分管西院其他区域的流浪猫。猫粮都是她们自己买的，开始去超市买，后来直接批发，那样便宜一些。十几只猫的猫粮，不小的开支。最近，她们还联系了学生和救助流浪猫的志愿组织，给西院的流浪猫做了绝育手术。志愿者把笼子放在草地上，在笼子里放袋妙鲜包，开着口，诱猫儿进笼，再带去兽医院做绝育手术。如果流浪猫不做手术，任它们在野外繁衍生息，并不合适，没过几年，学校就会变成猫的乐园，流浪猫且会携带细菌，传染疫情，也是野鸟的夺命猎手。

来年初夏，我去喂猫的时候，发现白咪竟然怀孕了，难道绝育手术没有成功？她身重，行动迟缓，卧倒的时候格外小心地安放自己沉甸甸的肚子，眼神比以往更加温柔，对我们则是一如既往地信赖，看得我心软软的。她注定会是个单亲妈妈。小二黑依然富贵闲人似的优哉游哉，也不爬树抓喜鹊了，也许是手术以后性情变了。

我断断续续地喂校园里这些流浪猫，也有两年了。它们已经不算是流浪猫，而是固定一隅，把所有的信任和依赖都交付给了猫天使们，对人族少有防备之心。猫群也添了新成员，巫巫是一只四肢修长的黑猫，毛色闪亮，动作矫健，黄色的眼睛炯炯有神。还有小美，几日不见，已出落成秀美娴静的猫淑女，她的毛雪白雪白，是众猫里最干净的。花嘴还是独来独往，他总也融不进这个群体，不知是不能还是不愿。有一只花狸猫和一只黄猫以前从未见过，不知是从哪里流浪至此，但也可能还是院里的居民遗弃的。

流浪猫

"猫天使"还是日复一日地来喂猫，她说家里已经养了三只，不能再收养更多了，还劝我收养一只。我认真地考虑了一阵子，买了一本养猫的宠物书，也问了其他养过猫的朋友，还去楼上养猫的邻居家了解情况，最终还是放弃了。每年寒暑假必回老家探亲或旅行，猫咪寄养是个解决不了的问题。

　　有天和一个同事说起"猫天使"，他不明白：为什么要对几只流浪猫付出这样的爱心？社会上还有那么多无家可归或穷苦的人呢。我无法回答他的问题。在美国，流浪猫狗都有专门的收容机构来照顾，不会让它们流落街头，然后广而告之，鼓励人们来认养，且有严格的认养制度，防止二次遗弃。而这些收容机构有时也猫满为患，维持的经费和人力有限，老病的动物终会被施以安乐死。国内收容猫狗的机构和认养制度都不成熟，城市里流浪猫狗的数量却大增。一个天天开车的老同学告诉我，她多次看到流浪狗横尸四环路，车子太多太快了。

　　台湾作家刘克襄写过一本《野狗之丘》，那是一份独特的野狗观察日志。所谓野狗，大多也是被遗弃的家狗，但它们将不得不适应恶劣的生存条件，在垃圾箱和菜市场的边缘，自生自灭。刘克襄基于望远镜追踪和实地观察，耐心地记录下一些卑微的"狗生"。它们存活在文字中，因为现实中的它们，在台北市大量扑杀流浪狗之后，都消失了。人类的社会，真的无法容下一个小小的野狗族群？作家意欲唤起读者对这"共生"问题的反思。

对于学校里的流浪猫，"猫天使"们也在跟校方一直争取群护喂养的权利，跟清洁工一再交涉。的确，这不是一个仅仅诉诸爱心就能解决的问题。

春天的一个午后，办公室窗外紫丁香树下的草地上，三只白猫一动不动地躺着，在小憩。草地软绵绵的，可以看到丁香刚绽放的一两朵紫色小花，四瓣。阳光有点晃眼。前面是密密的冬青灌丛，发新叶了，透过灌丛可以看到人们的腿交替地移动着。猫咪，披着污脏的毛，睡在午后的草地上。我永远记得这个情景。它们该有属于它们的去处。

看到一只花啄木鸟

六月的一个午后，我看见一只下腹鲜红的黑白斑啄木鸟，狂喜不已，还从来没有在北京，又是这么喧嚣的市内，见到过啄木鸟呢。它在绿叶婆娑的槐树树干上轻啄，如此之轻，都听不到"笃笃"的声音。我刚痴痴仰望了几秒钟，它就受了惊似的一振飞起，双翅伸展得很开，轻盈地越过几棵树，又停在前方不远的一棵槐树上。我静悄悄地骑车跟上去，到树下继续痴痴仰望，没过多久，它搜虫无果，再次起身飞走，还是停在更前方的树上。我们重复着这个环节，很有默契地玩了三次，这个追追停停的游戏终于以我失去它的影踪而告终。

我好激动，这条路很久不走了，一走就出现奇迹。这个故事告诉我们，要经常换一条不同的路来走。

　　回家查看资料，原来我看到的是一只大斑啄木鸟。这是北京地区常见的几种啄木鸟之一，也是中国分布最广泛的种类。描述中提到雄鸟枕部有狭窄的红色带，而雌鸟无。凭此，我可以断定我看到的是一只雌鸟了。至于那躲闪摇曳的姿态，也是大斑啄木鸟在察觉到有人看它时的典型行为。机警的它，先是绕到树的另一侧，避开观察者，接着在那一侧继续向上跳跃式地攀援，搜虫无果，再飞向另一棵树。

　　这一面，让我对大斑啄木鸟念念不忘，我还不时绕道去那条槐荫浓绿的路边守望，可是它再也没有出现过。而来年的春天，在学校西院的家属区，我竟然又听到啄木鸟笃笃的声音，定睛一看，是只下腹鲜红黑白相间的美丽小鸟，不是大斑啄木鸟又是谁呢？这一只体型较小，攀栖在一棵高大的毛白杨上，我记住上次的教训，不敢惊扰它，只是偷偷仰望。它似乎没有察觉到我的观望，只是奋力啄敲树干。在安静的午后校园，笃笃笃的声音听起来如此响亮清脆，一下就是一下，简洁有力，不留回响，这是一种多么特别的打击乐。

　　校园里也有了啄木鸟，我不由心生欢喜。大斑啄木鸟是城市生态的指标物种之一。所谓指标物种，是指种群的出现、缺失或者密度变化都标志着某个特定生态系统的环境质量的变化。一两只花啄木鸟，还不足以证明周边的生态环境就在好转，但是，我愿意存此念想。

植物园永远有惊喜

植物园永远有惊喜。

我常去的是西山脚下的北京植物园，春天碧桃节郁金香节游人如织，交通十分拥堵，最好挑不是周末的时间；不过要是喜欢那花海人潮的热闹，也不妨事。这个园子，也叫北园，那么南园呢？南园其实是中科院植物研究所的植物园，从市区坐公车在植物园站下车，先看到的是南园，它也对外售票，但大多数人要看的花不在这里，还要往北走，过一个红绿灯，才是目的地。

如果是一个人去散步，从南门进园以后，我会径直往东，穿过月季园，到河墙烟柳那一处，停一下，然后去黄叶村，就是曹雪芹故居外面，看看那只老猫还在不在。故居的屋子是不必看的，但是那

怎样看到鹿

棵古槐不可不看。初见那只爬上古槐的白猫，是日暮时分，周遭无人，她老而弥健，动作敏捷，眼神沧桑。我唤咪咪，马上感到轻慢了她。她注视我一眼，便眯起眼，仰头看蓝色的天。我认定那是雪芹的猫。

后来再也没见过那只白猫。

早春时节，西南门外的树下花坛里，有植株迷你的番红花，很袖珍，像小人国里的花。南门进去，沿大路前行数百米，就可以见到一捧捧的迎春花，开在水渠两边，枝条纷披，花朵点点如金星缀于绿枝，未叶先花，花极盛时，嫩绿的小叶始出。

大路两边栽有碧桃、丁香和海棠，再往路深处走，就会经过木兰小樊区。这一段是游人最集中的地方，不要管他们，哪怕他们在大声叫嚣，在雪松下打扑克，在草地上吃火腿肠。继续往北走，过一大牌坊，上书"智光重朗"，沿古柏森森的步道前行，又是金碧红墙的山门，那是卧佛寺，寺庙也要单独收费，也可以不进，就此西去，去樱桃沟。又过一小园，修竹几丛，进去看几株梅花再走。路上自然有樱桃树，沟里却是水杉多，70年代栽的，因为樱桃沟里的泉水，小气候适合，它们长得挺拔高大。现在去，可以看到胡先骕先生的《水杉歌》碑刻，这位发现并命名中国水杉的植物学家，旧体诗也写得极好。"记追白垩年一

鹅掌楸 （Tulip tree, *Liriodendron chinense*）

亿，莽莽坤维风景丽。特西斯海亘穷荒，赤道暖流布温煦。陆无山岳但坡陀，沧海横流沮洳多。密林丰葳蔽天日，冥云玄雾迷羲和。……水杉斯时乃特立，凌霄巨木环北极。虬枝铁干逾十围，肯于群株计寻尺……"多么壮伟！

于是到了五月初，不急着看游人聚集处的牡丹和郁金香，我直奔园子深处，山跟前的银杏松柏区。梁启超墓就在那里，也许绕一圈出来，也许不绕。我的目标是开在树上的"郁金香"，大树高而挺直，比巴掌还大的鹅掌形叶子，规整对称，而枝头绽放的橙黄色酒杯状花，像极了郁金香，这就是鹅掌楸了。看过鹅掌楸，才了却心头大事一般，慢慢往回走。闻着洋槐花的清香，捡几朵落花，留心脚下路边草丛里浅紫的马蔺。最后走到牡丹园和郁金香圃，再细细看一回花形颜色。

夏天也好，比如七月中。槐树开花，细小的槐米落了一地，也落在青色的屋瓦上，雪芹茶社门口或院里坐一坐，顺便看丝瓜架上的黄花。合欢花开，花谢了结长长的荚果。湖区的莲花在开，不多，粉色为主，湖畔香蒲从狭长的绿叶间抽出黄褐色的花棒，紧实密致。构树结了红果，栾树的果子还是黄绿色的小灯笼，栾树的英文俗名，直译过来是金色的雨，非常美。紫玉兰又开了第二茬。

秋天，拣个晴天，下午四点以后再出发，一直待到夕阳西沉。从湖区北望，秋山明净，草木郁郁，视野既开阔，心情格外舒展。湖区西边，路旁那一溜栾树，已经满目金黄，夕阳又把它们映照得格外灿烂。这是最好的时候。

冬天。冬天可以进卧佛寺，为了蜡梅，池塘里的冰凌和红鲤，树下安详静立的狸猫。一些畏寒的植物如紫薇，周围搭起防护的蓝色隔板，映着晴朗的蓝天，竟然也是道风景。

对我来说，植物园永远有惊喜。

香山不老

　　每年金秋十月，人流涌向香山，观赏红叶。红叶树多是黄栌。

　　初登香山，是大学时跟舍友一起。那是一个国庆，通往鬼见愁的山道上摩肩接踵，山道也窄，若有人下来，我们只得侧身。一口气爬上峰顶，我们不但不愁，还觉得不过瘾，那时真是年轻脚力健。红叶呢？盛期未到，在树下捡了几枚落叶留念。下山，香山买卖街上全是卖红叶卡片的小贩，手里提着一串串塑封的卡片，夹着卵圆形的黄栌叶或是三裂五裂的枫叶，片片都艳红如油漆上色，只觉得假。

　　此后几次，总是跟三五好友同去的，回来以后不记得山，不记得树，只记得朋友们讲的笑话。

　　香山和黄栌是这几年来慢慢跟我建立的感情。

2005年十一月中旬的那天之后，香山再也不是那个人头攒动的旅游景点，即使是，我也将它忽略不计。

艾力克走得突然，六月才跟他告别，说好以后在北京见面，一起爬香山，逛颐和园，八月他就猝然离世。十一月，我们等到了他的骨灰瓶，小小的瓶子，丽贝卡托人捎来，抵达我们手中，让我们找些好地方，安置了吧。我们选了红叶林的那片山坡，可以俯瞰古老的京城，另一面看下去是苍翠的松柏，秋末冬初，还有几棵古老的银杏，华盖金黄。黄栌树的叶子快落光了，偶有一棵还披挂了满树红叶，在深黑树干和枝桠的映衬下，显得格外耀眼。山色明净，林木寥落却不惨淡，温煦的阳光洒落，林中空气新鲜。香山从来没有给过我这样的感动。下山时见了很多喜鹊，也有灰喜鹊，尾翼修长优美，几只花栗鼠听见人声，活泼泼地迅速匿身于山石间。喜鹊不叫，乌鸦只闻声不见踪影，呱呱的声音永远突兀，却不惊心。

我们相信艾力克会喜欢这里的。

从这时开始，香山成了我年年必踏访的地点。

也还会带朋友去，但都是午后出发，从东宫门进去，直接左拐，过静翠湖，上香山寺遗址，再爬山上坡，红叶林都在那一片。这条路线人少得多，游客多从北门进，过眼镜湖，沿主山道

怎样看到鹿

登顶。

渐渐觉出香山的好来。那是熙攘香山的背面。

比如，某个早春三月的午后，虽然天气阴霾，冷风入骨，但是空气湿润，陪朋友登香炉峰，临近峰顶，开始飘小小的雪花，给我们一点惊喜。下山，走到岔路上也没有关系，不一会儿发现自己在一条干涸的溪床里深一脚浅一脚地走。天色将晚，人迹寥寥，从看不见的地方传来一连串的敲击声，是啄木鸟在找虫子，它在高树的某处欢快地不停击打，"笃笃笃笃笃笃"，这声音放大了山谷的空寂。

某个初秋的下午去散步，照旧走香山寺遗址那边。拾级而上，看松树在草地上的影，看一男子注视着自己线描的古松默默不语，画的就是那棵守护古寺的听道松。欢喜园正开放，坐进龙眼木的椅子听一个女子抚琴，幽幽龙吟。四点过后，一个白衣飘飘的长髯男子朗声道：关门了。我就离开。山道边的黄栌，偶见几片已有红色斑纹了。一老人拄杖独行，旁人问其高寿，答八十五。众皆赞叹。老人走远，却又一人语："就死在这山里也好啊。"

又一年初夏跟"花椰菜"相约爬山。一路走走停停，突然看到前面绿树间有绯色轻烟萦绕，团团簇簇，迷离朦胧，黄栌开

黄栌（Smoke tree, *Cotinus coggygria*）

花了！走近细细端详，不能相信自己从未见过黄栌开花。细细长长的花梗上有纤细如羽的柔毛，有些花梗的顶端结了硬硬的小核果。一个长久的疑问找到了答案，英语里黄栌的俗名是烟树，smoke tree，我一直不解这"烟"从何而来。

花椰菜说，黄栌的叶子形状圆满，像肥嘟嘟的婴孩。确实，黄栌叶很多几近圆形，这在植物中是少见的。而薄薄的叶片上叶脉清晰分明，让人也很喜欢。我最爱黄栌叶子变红时的情状各异，有些先沿着侧脉上色，一缕一缕，如野性的豹纹衣；有些无心地涂抹，圆斑点点，俏皮；还有些大块泼墨，写意；红透了的叶子色彩匀净，衬着秋日的湛蓝天空，最上镜。而颜色实在不限于红，从明黄、橙黄，到褐黄、橙红，再到朱红、铁锈红，变化多端。

说起来奇怪，这么些年，没有领略过真正层林尽染的秋山。香山上种植的黄栌树，最早可以上溯到乾隆年间，为了取悦这位爱爬山的皇帝，开始广植红叶树，黄栌树成活率高，之后大量种植，达到十万余棵，可以想见满山红遍时秋色的壮美。但是树种单一，有病虫害则一损俱损。自我开始爬香山，就一直听闻黄栌的枯萎病或白粉病，大概是不幸赶上了香山黄栌的衰病期。

花椰菜后来在日志里提到，见我念叨某条山道边的黄栌枝叶

北京

101

尤为肥满，似是近年来新栽的，就想起了日本林学之父本多静六对东京明治神宫的造林规划。他经过科学严谨的推算，预计了日后150年林木的盛衰荣枯，即林相的变更，据此栽种了槠、栎、樟、楠等常绿乔木，目的是任其自生自灭，树林的生态却可一直维持，不必人工增种树木。何等的远见卓识。而今距本多静六造林近百年，林相的变化完全按照他的预期在发生，只是速度稍快了些，是因为全球暖化和都市热岛效应。

我曾经在日志里写道：香山已老，秋天常新。其实山哪里会老，会老的是黄栌。

2010年夏天，丽贝卡终于来了北京，我们带她去香山看接纳了艾力克骨灰的地方，红叶林的那片山坡，她也喜欢。我们停留片刻，就准备下山，突然有好几只蝴蝶从林子深处飞出来，姿态翩跹，我们不由惊叹它们的美丽，浅浅的黄色，前翅上有黑色斑点，后翅有大红色横斑，尾突修长，是某种凤蝶。这些凤蝶竟然一路伴我们下山，直到静翠湖才飞走。

这是我第一次在香山看到这种凤蝶，后来我知道了它的名字——丝带凤蝶。

筑巢时节

多年前，还在上高中的时候，曾经做过一个青翠欲滴的梦。是春天，几个同学簇拥着语文老师，在校园的紫藤花架下流连，绿叶鲜嫩光亮，空气湿润清新，老师问："现在大家是什么心情啊？"同学齐声答："是燕子筑巢的心情。"

这梦一直难忘，年年春来，想起它，意境依然鲜明。而我身居水泥丛林，头顶不曾有半片适宜燕子筑巢的屋檐，这么多年也未曾见过燕子筑巢，喜鹊筑巢倒是年年见。

第一次看见喜鹊口衔树枝飞过，是在去大觉寺的路上。一行人骑车春游，路过碧桃盛开的园林，停脚野餐。一只喜鹊衔着细长的树枝，展翅飞过我们头顶，它径直飞向一棵高大的杨树，那里有一个

北京

喜鹊（Common Magpie，*Pica pica*），摄影：关翔宇

未完成的新巢。我依然记得那个激动人心的瞬间，它头颈乌黑，腹部雪白，双翼平伸，三个层次的飞羽完全打开，翼尖的初级飞羽也是白色的，尾翼展开呈楔形。双翼完美的弧线，同喙尖所衔的那根长枝，构成一帧优美的意象；是因为衔着树枝，才飞得如此平稳谨慎？它稳稳地飞过我们的头顶，仿佛一个意义深远的先兆。

此后十多年来，年年留意。

在只有柳枝微显嫩黄，其他大树都还是冬天的颜色时，喜鹊就开始做窝，它离地面极低地飞，想要寻找一根最合适的枯枝。我也见过喜鹊夫妇一起忙碌，一只留在尚未成形的窝里，另一只以几乎直坠的姿态落地，煞有介事地踱步，直到寻见一根合适的枯枝，衔起后先飞上邻近的树，站稳脚，歇一歇，再飞回更高处自己的窝，小夫妇俩遂欢天喜地地啄弄一番，把树枝搭在需要的位置。有时它飞到空中，喙中树枝不慎掉落，它也并不执着那一根掉落的枝条，而是去别处另谋新枝。如此这般来回，工程进展缓慢，而它们毫不懈怠，多的是耐心。

它们筑巢，首选是高大的阔叶乔木，在北京多是毛白杨、国槐和古老的银杏，与时俱进的更会巢于路边笔直的电线杆，甚至是楼房上空置的空调机座；也有缺乏经验的新手，巢于柳树的树端，风来长枝摇摆，不禁叫人担忧鸟巢的命运。一整年过去，新巢变了旧巢，它们或者弃巢重建，或者旧居翻新。冬日毛白杨叶子落尽，高树上光裸的枝杈间，常可见到硕大的类球形鹊巢，在郊区农村，有时一棵树上有数个鹊巢，无比醒目，那是北国寒冬时节最具标志性的风景。

喜鹊到底何时开始筑巢？我查看日志，记录哪一年早春看到喜鹊衔枝回巢，有一月末，二月中旬，直到三月初，而二月三月看到的鹊巢多半已经成形，喜鹊或者是加固旧巢，或者更早的时候已经开始搭建新巢。这聪明的家伙，有时还会偷窃其他喜鹊巢中的树枝，给自己省力。也在别人的日志中看到，喜鹊最早有十二月中旬就开始筑巢的。

我个人意义的春天，则必然是从第一次看到喜鹊衔枝飞过头顶，才算正式开始。李奥帕德在《沙郡年记》"三月雁群归来"那一章写道："一只燕子造就不了一个夏天，但是当一群雁冲破三月雪融的阴郁时，春天就降临了。……若你在漫步时能仰望天空的雁影，或竖耳倾听雁鸣，三月的清晨一点也不单调无趣。"

虽然我这里只有喜鹊，它们也不迁徙，只要一头扎进毛白杨枝丫间的鸟巢，欢喜忙碌。每年早春，我都希望自己是只喜鹊，伸展畏缩一冬的双翅，大力飞过人们的头顶，衔一根精心挑选的细长树枝，又是筑巢时节。

行山记

　　5月2日，早上9点，在门头沟的圈门车站，出走社的成员齐聚此地，路线为龙潭——广慧寺——红庙岭的出走正式开始了。

　　我是第一次跟出走社的人爬山，常常出走的同伴们，脚力很健，速度很快。上升得有些猛，不久我就开始头晕，心跳得厉害，呼吸的节奏完全不对，于是自己站住，调匀气息。往后看，丑田的蓝衣服偶尔晃过，还有拉娜的花头巾；往前看，排斥白色的身影轻捷灵动，他还帮我背了一个一升的水壶；再往高处，那浓密的绿林间，有我看不到的其他行者，步履正矫健。我突然想，爬山有时候是孤独的事，而我，必须找到自己的节奏。

　　于是镇定心神，喝水润嗓，脱掉外衣。天气依然闷热，树丛间有声音破哑的鸟儿，"扎扎"只两声。谁知道是什么鸟儿，排斥说冷眼是专家，可惜他在前面很远很远的地方。

11点半，我们到了潭柘寺的龙潭，所谓上有龙潭下有柘树，寺庙赖以得名。潭水久已干涸，龙头兀自狰狞。有乾隆御碑，那又如何？喝水，吃东西，看其他人拍照忙。

走过一条黄叶满地如毯松软的小径。黄叶是去年的黄叶，我们今年走在上面。

我开始有心思关注花草。黄栌嫩叶油润的绿，比秋天的殷红似乎还要养眼。白头翁是小尺寸绒毛版的紫色郁金香，花谢以后，顶着一头银软的发丝，故名。随处可见的蒲公英和紫花地丁。

叫声破落的鸟儿有了名字，专家说，这是野鸡。我期待它扑簌簌地一头扎下来，落在我们脚边。

12点40分，广慧寺到了。噢，那个小破庙，路上一个大姐听说我们要去这个地方，不屑一顾。

也许庙要等破败以后，才显出它本来的好。脚下浅紫色的二月兰开得热闹，并不在乎寺院的冷清，两棵巨大的古银杏宠辱不惊，哪怕成群小蝇乱舞。

到如今，都付与断壁残垣。

下一个目标，红庙岭。

白头翁（China Pulsafilla, *Pulsatilla chinensis*）

岭上好风如水。那一丛树叶翻飞，背面的颜色白亮亮的，乍看还以为是花儿。

山桃和山杏花早谢了，果子都不能吃；桑葚还小；酸枣可口，可是枝上有刺，拜托先不要出现，我们正在缠绕的枝叶间穿行。

过了岭，又进村。艾洼村似乎只剩下两座房子了，有个面色黝黑，眉眼深重的男子问我们是干吗的，他表情严肃，我们不太严肃地提供不同版本的答案。打量一下众人，皆满目尘土，吊儿郎当，每人一个胸牌上奇怪的名字。贫僧乃东土大唐而来，去往西天拜佛求经，想那和尚当年，要重复多少遍这套说辞。

我们又为什么经过这里。穿越、闲逛、访古，出走社的计划书这样定义此行的属性。

最后一处古迹，叫作桃花庵开山祖塔，一个庵取这么艳的名字？时间还早，在此停留片刻吧。

羊儿还在咩咩，雪姑娘抓了大黑蚂蚁要带回家养。我们拾起蚂蚁屁股和乙酸的话题，专家儿时遍尝各色蚂蚁，结论是黄蚂蚁的最酸。啊，再也不能将蚂蚁屁股放进口中。

这风清草绿、树茂花稀的地方，万事皆好，只差一罐冰啤。

上大水的孤寂

5月17日，出走路线：旧庄窝——泥皮——幽州。

"看，湖里有船！"我们刚循声望向窗外，6411次就进了隧道，一片漆黑。即使不进隧道，那发现的惊喜也无法分享，因为火车隆隆向前，物换景移。

天空里有乌鸦飞过，一只，它消失以后，天空又寂寞了。这一片山出奇的安静，走了很久才听到野鸡叫。这里是安南谷。

上次行山印象深刻的那条黄叶小径，这里比比皆是，多少年的橡树叶子落了又生，积得很厚，踩雪一样深一脚浅一脚，有点费力，松软也是一种羁绊。

又遇岔路，前方已经指示：左边！我看着两条同样覆满黄叶的小径，不明白怎么能够做出选择。你知道的，弗罗斯特那首诗：两条路在黄叶林里分岔，可惜我不能同时走两条，诗人最后感慨他选了足迹较少的那条，而一切的差别都由此而生。站住看了一会儿，看不出右边那条的奥秘，遂开步追赶前方，我已经落单。

人间四月芳菲尽，而山里的丁香正盛开，朵小色浅，香气完全不输园林品种。

这真是一次探路之旅，而我们有好几个经验丰富的探路者，他们脚力矫健，尤其是一位叫作南瓜叶的同学，我几乎没什么机会和他相处，只有遥望他在山间的身影，时隐时现。

垭口，垭口没有名字，我们为它命名，为什么，为什么一定要有个名字？垭口并不回答，风冷冷地掠过草间，顿生寒意。

灌木丛弄疼了飕飕的眼睛，灌木丛充满敌意。我希望变得更矮更小，像一只羊那样矮小。柔软的枝蔓，硬脆的树枝，带刺的枝条（所幸极少），我开始学着像锻子那样人过去后用手回送一下，减缓它们反弹的力量。

有时穿花拂叶，芬芳之旅。强洒一片花瓣雨，最后一个人经过时，只剩花蕊。

后来，我开始跟灌木说话，包被钩住，头被打到，脚被缠住的时候，我请求它们放我离开。

终于看到群山合抱的上大水村，已是废墟。我意识到自己一个月来总在废墟间徘徊，北大的镜春园，第一次出走的广慧寺，还有现在，上大水。上大水，我跟冰冰啰嗦着，是上大水，不是下大水，是上大水，不是上小水，是上大水，不是上大火，算了，这样哪里是个完。我慢慢地下到村子里去，右腿的韧带疼起来了，还是缺乏锻炼。坐在那面巨大的石磨上休息，没跟他们去接水。

看绿草萋萋，渐渐漫上石墙。浓烈的阳光下，成群小蝇嗡鸣。一个村子的衰败是迅速的，小撮旧文里写过，2004年他还在这里看到村人杀猪，再来便无人迹。突然觉得石磨是个祭坛，一念及此，连忙起身，去瞻仰那间依然完整的空房。空房大门上挂了把小锁，没锁上，一犹豫，就没进去，隔着窗户看里面炕上堆成一团的红衣服，主人可还会故地重游。

幕天席地，烟霞飘渺，可是他们不稀罕，他们的风景在山外边。我们却从外边来，不辞辛苦爬到这里，驻足感叹：啊，好风景！

一个村子衰败了，它依然是渐进的过程，还有遗址可供凭吊。另外一片山里，很多村子瞬间消失了，什么都没有留下。

人走以后，这一片山如此孤寂。即使现在有我们，还是孤寂。

羊胡子沟好像走不完，"横切"成了我最不愿听到的词。膝盖作痛，觉得在山里走了很久，天光都不再明亮。视野，也局促了很久，想要看到辽阔的天空。

6点半，我们终于走出大山。那条新铺的柏油马路多么洁净亲切，有人一下子躺倒在地。沿着铁轨走到幽州车站，大家全坐地上了。冰冰问最后一个问题：会有座吗？答案肯定，欢喜不已。

6412次7点10分到站，回望了一眼幽州的月亮。火车上卖的方便面是白象牌。

我们都在三家店下火车，匆匆穿过没有路灯的村庄，去五里坨公车站。路边突然出现一大堆莴笋，码得很整齐。黑夜里有一只狗叫个不停。

回到家里脱下外衣，洒落一地花瓣和碎叶。原来我真的在山里走了一天。

大地上的事情

　　读到苇岸的随笔集《最后的浪漫主义者》。辑一的"一九九八廿四节气"和"大地上的事情"，充满神性。这样书写自然的笔触和立场，在读过的中国散文作家里，似极少见？他明明是诗人。读到立春的第三段，我还以为在读惠特曼的散文，"能够展开旗帜的风，从早晨就刮起来了，在此之前，天气一直呈现着衰歇冬季特有的凝滞、沉郁、死寂氛围。这是一种象征：一个变动的、新生的、富于可能的季节降临了。……阳光是银色的，但我能够察觉得出，光线正在隐隐向带有温度的谷色过渡。"

　　写"芒种"："黄色是太阳、黄金成熟的颜色，是帝王偏爱的颜色，是结束、最后的颜色。

'色有五章，黄其主也。'"查了一下，才知道最后那句出自《淮南子》。苇岸不知有没有读过迪金森，看他日记习惯记录读过的作家和诗人，却没有提过迪金森。他应该会非常喜欢她的诗。她有一诗写道：

> 自然吝惜黄色，不用在别处，全攒给夕阳；却像浪子一样挥掷蓝色，像女子一样滥用红色，唯有黄色用得那么稀少，好像情人的语句。

Nature rarer uses yellow/Than another hue;/Saves she all of that for sunsets—/Prodigal of blue,

Spending scarlet like a woman./Yellow she affords/Only scantly and selectly/Like a lover's words.

而更多的时候，他的文字令人想到瓦尔登湖畔的梭罗。朴素生动的文字，细致的现象观察，赋予笔下自然的诗意和象征性。果然，他在《我与梭罗》这篇文章里提道："在我过去的全部阅读中，我还从未发现一个在文字方式上（当然不仅仅是文字方式），令我格外激动和完全认同的作家，今天他终于出现了。""大地上的事情"这一辑的随笔文字尤其明显。

"一次愚人节，我打电话庄重地告诉城里一位朋友，说我赤手抓到了一只野兔。其实，甚至今年春天在河北霸州，我提着望远镜在平原上徒步走了一上午，也未发现一只。是的，野兔已从我们的土地上销声匿迹，正如它们在一支西方民歌中所慨叹的：'这是人的时代。'"

还有哪个作家会提着望远镜在平原上徒步半天，只为寻找一只野兔的影踪？苇岸和梭罗一样，总是在散步，只不过梭罗常在湖畔林间，他是在田间旷野。

今人喜欢用时髦起来的"绿色书写"来评论苇岸。我喜欢他对季候节气变化的敏感，赋予自然的沉静诗意，但深深惋惜他全部精气内敛的架势，收得太紧，却没有机会发散出去，生命未经张扬，又太过纯粹，可能性就越来越少。可我定义的可能性又是什么呢？灵魂的纵深其实与此无关，再想想迪金森的隐逸人生。

苇岸是素食主义者，39岁就患肝癌去世了，去世前还为自己病后未坚持素食后悔。林贤治在序里说：这是一颗充实的种子，但我怀疑他一直在阴郁里生长，虽然内心布着阳光。另外，乡村和城市在苇岸这里是二元对立的，他是那么的古典，这一点也像梭罗——反工业文明的倾向。

他也读过李奥帕德的《沙郡年记》，并撰文一篇"土地道德"评介此书。拿李奥帕德同梭罗做对比，后者是19世纪孕育的诗人，关怀人类的灵魂，指明人类该如何生活，前者则是危机四伏的20世纪孕育的科学家，关注的是人类的命运，指明人类如何才能长久生存下去。

我对他的一则日记印象格外深刻："从田间小路返回昌平。路上我第一次认识了一个奇异的现象，它纠正了我原有的关于火的观念。我见不到这个人，他点起火走了。火紧贴地面而行，北风徐徐吹着，风还是硬的，但火头还是逆风而行，我引火种到另一片枯草上，它仍是这样。而我过去认为，火借风势，是顺风而下的。"

这样的发现比什么都让人激动吧，大地上的事情，有那么多神奇的秘密。

慢放的春天

今冬漫长。

冷暖不定的三月四月，春天的节奏于是放慢了。没有机会下江南的人，要学会在这样矜持的北国春天细察万物。北园、南园、紫竹院、北大镜春园、闵庄路和昆玉河边，我一一走去。

春天充满谜团，我要学会不靠花朵来想象一棵树的生机。树皮的质地，光滑或者皴裂；重重枝丫的造型，紧凑还是发散；小小芽苞的形状和颜色，这一次我有充分的时间揣摩。

不必着急，暂且满足于柳枝的鹅黄浅绿。一种叫不上名字的树，枝子上也金灿灿的耀眼。

我也渐渐习惯于低下头，蹲下去，仔细观察路旁水边的每一株绿色植物。湿黑的泥土里，野草已

2010年4月15日　地黄（*Rehmannia glutinosa*）的花苞

2010年4月15日 二月兰（*Orychophragmus violacens*）

生出嫩绿的新叶，花儿未出，叶子单纯的形状成为镜头下最悦目的特写：舌形、羽状裂、掌状……；叶序也分明，对生、互生、莲座状基生；用手摸一摸，有些薄嫩，有些厚质，有些被覆茸毛……；总之各具特点，变化多端。这一番俯身低头，造就了从此不同的眼光态度，再入野地，心中总是若有所动，渺小的野草，却使尽全力，发芽吐绿，绝不辜负每一个春天。

　　这个春天，我发现了二月兰的好。非常好认的花，松树下、围墙边、马路旁，甚至人家抛掷垃圾的场院，它一开一片，花色粉白或粉紫，走近细看，对称的四瓣花，就知道是十字花科的植物。有天在理工大学的校园里，看到路边草坪上，沿墙根儿盛开着一大片二月兰，无心烂漫，素朴又热烈，顿时明白了季羡林老先生为什么如此喜爱二月兰，他在散文《二月兰》里写道："宅旁，篱下，林中，山头，土坡，湖边，只要有空隙的地方，都是一团紫气，间以白雾，小花开得淋漓尽致，气势非凡，紫气直冲霄汉，连宇宙仿佛都变成紫色的了。"他真是二月兰的知音。而我，在北京十多年了，却不曾注意过这小小的野花，又是为什么呢？也许因为年年春来，我只顾抬头欣赏那些开在树上的春花吧，山桃、玉兰、海棠、丁香，它们轻易地获得人们的青睐。而这个春天，枝头的花苞都前所未有的矜持，它们仿佛定格的镜头，迟迟没有动静。我只好把目光投向大地。早开堇菜、紫花地丁、地黄、酢浆草，这些需俯身才可细察的覆地野花，它们满足了我苦盼春意的第一丝饥渴。

常青树的积极进取。如白皮松，它那迷彩服一般的树皮早早泛出青色，松针青翠的色泽也格外鲜明，这些松树对温暖的地气如此敏感。毕竟是春天了，经历严冬的常青树迫不及待地展露春色。

绿叶和花朵，再见仿佛隔世的故人。终于在紫竹院看到两棵紫荆，久违了的紫红花朵，我不能相信似的凑近了看，又好像生平初见。内心深处，我是否隐约动过念头，春花烂漫的时节永远都不会来到了？

春光明妍，迟来的幸福叫人分外珍惜。

观鸟札记

一

观鸟也许是种最温和的捕猎，我在双筒望远镜定义的圆形视界里注视一只左顾右盼的褐头山雀时不禁这样想。树下，四五个人并肩站成一排，手持大大小小各式镜筒瞄准了它，而它浑然不觉，时而仰首鸣啭，时而低头啄食榆花，似乎也没有注意到天色将晚。大概十分钟后，它饱食晚餐，振翅飞去，没入苍茫的群山。"谢幕！"有同伴高喊，声音打破沉静的暮色，我们也四下散去，有人回屋休息，有人继续搜寻目标。

最好是远离众人，只凭耳朵，远处有鸟语声

声，锁定方向，拿起镜筒搜寻，快速腾挪的视野，重重枝丫间可有灵动的身形？先看到的人要担起艰难的描述任务，有时简直不可能。"你面前直对的这两棵杨树，之间，后面，就在那棵槐树上，分叉的地方，看到了吗？""哪里，哪里有槐树？"当然，这是初来乍到的观鸟人。老练的一群，早已开始描述猎物："白眉，腹部鲜黄色……"或者直接报出大名："普通鵟。""三道眉草鹀。""北红尾鸲。"负责观测记录的同学手拿小本刷刷地写：时间、地点、鸟种、只数。

这是五月初的延庆松山，春天分明还在路上，没有绿叶的陪衬，山杏和山桃的粉白愈发浅淡，似有若无，而它们并不介意身处何地，哪怕是嶙峋的绝壁。

晨光中山色微微发蓝，五点半起床，我们慢慢往山里走。灌木丛里藏着一只雉鸡，低沉、沙哑似的叫声，隔一会儿来一嗓子，分明是在诱惑我们深入。最终也没有发现。回去的路上，山民家几只洁白的羊羔跃下台阶，亲昵地把蹄子搭上我们的膝头。

两天下来，我收获十五种野鸟的记忆（行家们是四十七种），还有一个外号："黑翅长脚鹬"，身上的一件黑帽衫和瘦高的身材激发了队友的灵感，我欣然接受。

黑翅长脚鹬（Black-winged Stilt, *Himantopus himantopus*），摄影：关翔宇

二

"从早上极静中闻鸟声，令人不敢堕落。"密云古北口观鸟回来，随手一翻《沈从文家书》，就看到这句话。他写到黄鸟总是单飞，孤芳自赏，还多处写到杜鹃悲啼，叫声和北方的不同。

黄鸟说的是黄鹂吗？跟着老鸟人们，我有幸看到一只展翅飞过，它被我们惊扰了，飞得快，只见一团亮黄和两扇黑翅，"艳异照亮了浓密"，徐志摩那样写过。飞鸟入林，瞬时不见影踪。老人们告诉我，黄鹂的叫声像猫叫。果然，我后来听到像猫被踩了尾巴，也像小孩儿哭的叫声，并不动听，显得凄惶，这不是求偶的鸣声。他们说本地常见的种类是黑枕黄鹂。

杜鹃照旧很多，也只是闻其声不见其影。大杜鹃和四声杜鹃都有。

潮河西岸的白杨林，枝叶茂密，纷乱的树影里，凭声寻鸟太有难度，更何况白天并不鸣叫的鸟种。而经验丰富的领队老师，硬是用支在三脚架上的单筒一点点挪移寻觅，发现了一只东方角鸮，他去年在这里见过，坚信今年也有。可惜人多声杂，还没等我排队排到单筒望远镜处，小猫头鹰已经飞走，好在有人用镜头留下了它的模样，褐色羽毛，懵懵懂懂很可爱。又惊扰到一只抱窝的雌雉鸡，她仓皇飞走，我们才发现脚下差点踩到她的宝贝，一窝八个蛋，白里泛青，跟鸡蛋个头差不多。这窝蛋在一丛味道浓烈的艾蒿棵子里，草棵子很密。我内疚起来，担心她会抛子弃窝，就此离去。

林鸟难见，水鸟这边，运气好极了。隔着流水和沙洲，肉眼就能看到鹦鹉一家，小鹦鹉在学习潜水了，还有一群四只斑嘴鸭，飞翔时排成一线，意气风发。站定，用双筒慢慢搜寻，芦苇丛上方有蓝绿色一闪而过，"小翠！"我们都亲昵地把普通翠鸟称为小翠，它亮丽、轻灵、敏捷，在空中鼓翅悬停的姿势让人百看不厌。

又收获不少个人新鸟种，鹦嘴鹛、黑卷尾、绿鹭、金翅雀、灰头绿啄木鸟，还有阿莫尔隼和红嘴蓝鹊。在想要不要去搞支录音笔，观鸟也是听鸟。摄影的事业还是交给那些大叔吧。

田园

一

密云，石河镇四合堂。

村里有一栋空屋，房前漫漫青草，开出几朵蓝色的马蔺。房里塌了的灶，一大面空旷的炕，四点钟的阳光照在墙上，几处斑驳的亮。突然一只小鸟飞来，落在窗框上顾盼。费尽力气找时间的痕迹，可是高墙上那片泛黄脆薄的报纸，日期年份偏是最关键的十位数字看不到。不甘心，最终给我们找到。拂去积土，那半片《北京日报》：1984年6月1日，星期五，农历五月初六芒种。现在是2008年。

之前叨扰的一家，女主人说房子住了四十年了。另一家，瓦匠留了块方瓦，上写"一九五五年制"。

北京

村庄里的时间，和城市里时间流逝的方式不太一样。瓦缝间都开出"莲花"。

山里在修很多的桥，"世界与荒，不能共存"，诗人于坚的句子。

归途中偶遇一帧壮观风景，潮白河绕着苍郁的峡谷曲曲折折，就想起2006年夏天云南行旅的金沙江第一弯。夕阳西下，人在天涯。

二

密云，古北口镇河西村。

乡村人丁稀少，狗倒是多。老病的那些，在院外静静地卧着，黄色的长毛结成一绺一绺，见到陌生人也不叫。有时却莫名其妙地叫起来，整张皮都在抖动。眼睛非常浑浊。

屋瓦上也有莲花状的多肉植物，它叫瓦松，房子后面是菜地、玉米地。一人多高的青玉米秆儿，齐刷刷地列队。菜地里有西葫芦，叶子硕大，芹菜老得开了白花儿，还有紫茄子和西红柿，也挂了果。

我们继续探索，很快发现一片宝地。荆条开出小小的浅紫花儿，细看形状却像兰花的鬼脸；艾草的味道浓烈，摘了一小枝插在帽上，这里蚊虫很多。没有路，只好走出一条来，小心地避开有刺的酸枣，它也开极小的黄花。一抬头，坡上有棵杏树，黄果累累，树下草丛里也落了很多。捡了来吃，甜得很，地道的杏味儿。大家都起了贪念，有个丫头索性爬到树上去了。

周日晚上有月偏食，但是错过了，或者也还是看不到，8点多它才从山后升起来，暗红的一坨，有云雾遮着。

三

怀柔，九渡河镇西水峪民俗村。

循清脆的鸟声而去，就在院外柴堆旁，有只黑头黑额小鸟，头至颈背一带银灰，红腹，黑翅白斑。它独立枝头，尾羽颤动不停。不远处的另一棵树上，个头略大的褐色雌鸟正左右顾盼。一边懊悔自己偷懒不带望远镜和图鉴，一边用脑子和手机短信记下特征。应该是北红尾鸲。两个正挖沙子的工匠也饶有兴味地同我一起观鸟，或者是看我大惊小怪的样子觉得好玩，他们告诉我，这一对儿在柴堆里有个窝，下了三个蛋呢。他们说：这叫四喜儿。喜字的声母成了H音，我跟着重复了两遍，想起自然之友编的那本《北京野鸟图鉴》，很多都列出本地别称，四喜儿不知是否在其中。

一对小友高歌几曲后飞走了。回到院里，王经理问我要不要看县志，正合我意！他还翻到扉页编著委员会一页，指着上面某个名字说，这是他的叔伯兄弟，做到了某某部副部长。王经理然后抹干净一张条桌，让我一人独享。坐在枣树下，凉风习习，县志读起来却惊心动魄，尤其古代部分：

792年唐贞元八年秋，大水害稼。

……

1214年金贞佑二年六月，潮白河溢。

……

1286年元至元二十三年六月，大都檀、顺五州水。

……

1559年明嘉靖三十八年，怀柔霪雨三月，坏屋伤禾。

后面民国开始叙述渐渐白话，新中国成立后愈发啰唆无味。我转读物候记录，见微知著，同样的惊心动魄。"榆树始花……蛙始鸣……槐树盛花……野菊始花……黄栌叶完全变色……"

民俗村要趁这几个月好好赚钱，冬天封山，王经理一家也回县城住了。

马蔺（*Ivis lactea* var. *chinensis*）

瓦松（*Orostachys Fimpriatus*）

萱草忘忧

端午次日父母大人驾到。西安今夏多雨，北京则干热如常，桑拿天还没开始，早晚风凉，倒是好睡。楼下的萱草被不讲道理的自行车压着，好辛苦，妈妈跟我说等下过雨趁着土湿，晚上来挖一棵。在抛荒的高尔夫球场散步，小野花自生自灭着，二月兰、地黄、紫色的蓟。有心形叶子的树开花，浅黄，圆锥花序，回来对照一本树的图鉴，应是梓树。

妈妈每天给我摘花，插好后放在书房的组合柜上，让日日在电脑前久坐备课的我一抬眼就能看到。多是金黄的萱草，加几枝艳红的锦带花，有时换成黄月季。有一个周末，她还怂恿我和爸爸跟她一起去散步摘花，还道出似乎正当的理由，那些月

怎样看到鹿

季花盛放以后应该剪下来的，有利于它们再开新花。我们看她兴致勃勃的样子，只好带上剪刀和塑料袋出发了。一路上偷偷摸摸，妈妈指点我们对准某个目标，乘左右无人，爸爸就咔嚓一下，黄色、橘色的月季纷纷跌入我们的袋子。其实也就剪了四五枝，我们并不贪心。花开堪折直须折，妈妈深谙这个道理。

某个微雨天，空气清新，我带爸妈去植物园小逛。妈妈又第一时间发现地里的马齿苋，于是赏花的活动变成了挖野菜。她还不时赞叹着园子里马齿苋的肥大，遗憾自己怎么没有带把小刀来，爸爸和我又笑又叹。

不禁想起妈妈和花草的一些往事。最早我们在洛阳的时候，邻居家养了昙花，昙花只在夜里绽放，妈妈带着我和姐姐，也守在花盆旁边，一同观赏昙花开放的整个过程，那雪白硕大的花冠，在夜里显得格外光洁明亮。妈妈那时养数盆花，我独独记得一盆朱顶红，大概因为是小孩子，朱红色的喇叭形花朵让人印象格外深刻，独立的花梗顶端有时一开三四朵，无比明艳。

后来到了西安，还是住在大学家属院里，并不缺少花草。在行政楼东面的园子里有几树蜡梅，在教学楼两侧各有一棵红枫，受到妈妈的影响，我们渐渐也会在花开或叶子变红时奔走相告。

我已离家在外多年，但每个假期回去，第一件事总是去阳台看妈妈的花。这几年她精力有限，养的花并不多，不外长寿花、天竺葵、吊兰、文竹、圆叶椒草等常见品种，可她总是能把花儿养得那么好，绿叶油润，花开不败。她跟学校的花匠也交上了朋友，有一次散步，我们去了花匠的温室，我才发现这个小小的校园家属院还有我不知道的美好所在。花匠有年给她一些风信子的种子，她一种就活，春天开出淡蓝粉红的美丽花朵。

在北京我的家，妈妈检视我那些长势不旺的观叶植物，总是说，够了够了，不用再买了。我的房子朝北朝西，花草总长不好，而我侍弄它们远不如我妈妈的精心耐心，比如，我从来不记得留一些淘米水，发酵后用来浇花。

妈妈有时念叨，你不在我们身边，要是像你姐姐，我每年都给她花，她家的光照足，我给她的那几盆长寿花长得可好了，还有文竹。我微微笑，念叨花儿时的妈妈最是可爱。

过几日下了雨，雨后晚上我们又在妈妈的带领下，去楼下连根挖了一棵萱草，湿漉漉的泥土包着根须，回家后赶紧种在盆里。没有悬念，经了妈妈手的植物，都能活。

古时游子远行时，会在北堂种植萱草，为的是让母亲看到萱草盛开，忘却忧思。这一年初夏，妈妈却为我种下一盆萱草，而她大概不知道嵇康那句"合欢蠲忿，萱草忘忧。"

长寿花（Kalanchoe, *Kalanchoe blossfeldiana*）

珍·古道尔：收获希望

　　9月18号，在学校电教礼堂，满心喜悦，眼眶湿润，如愿见到珍·古道尔博士。她是1934年生人，可是你真该来现场看看，这样硬朗、健康、眼神清澈、声音清亮的76岁老人，在演讲的开场，还以著名的黑猩猩招呼向大家问好，一连串由弱渐强的呼啸。她26岁时那个朴素的马尾发型，一直都没有变。说起F家族的成员们，一如自己家人，强悍的菲菲，坏脾气的弗罗多，老一辈的还有大卫和歌利亚。命名是多么荣耀而神圣的事。我们也看到了资料片里灰胡子大卫用树枝去掏白蚁窝的憨态，因为这个黑猩猩会使用工具的发现，人类的定义从此改写。而半个世纪前的非洲青山上，渺无人迹，26岁年轻的珍，伫立于一座山头，遥望另一座山。要怎样感谢机缘，让那时的她和一位荷兰摄影师雨果·冯·劳维克相恋，留下那些温暖有情的镜头。

我是从《少年科学画报》知道珍·古道尔的，那真是一本美好的杂志。后来还看过她的一本小书《和黑猩猩在一起》。博士的文笔简洁生动，是天生的书写者："我还记得一大早我走在冰冻的土地上，看着兔子在又白又硬的野地里一跃而过的情景。"说的是战后去德国的一次旅行。

咬咬牙买了本博士的新书：*Harvest for Hope: A Guide for Mindful Eating*（已有中译本《希望的收获——食品安全关乎我们的心灵》）。她近年来一直在为食品安全问题奔走呼吁，为了新的使命，要贡献出余生所有的时间。在序言中，她回答人们常常提出的问题：为什么你要写一本关于食品的书？在观察黑猩猩进食的过程中，她注意到同进食相关的行为——如果有可能，就远远避开其他同伴，除非食物充足。占统治地位的雌性黑猩猩在生育时也有优势，因为它们得到的食物多，营养好，生育开始的时间早，生育的后代也多。食物果真如此重要。

从关注黑猩猩受到威胁的生存境况开始，古道尔渐渐意识到黑猩猩面临的问题同非洲面临的问题紧密相关，也即西方社会精英的生活方式、理念和科技，对发展中国家产生巨大的负面影响

古道尔和大卫

甚至危害。她深感必须做些什么来改变人们的观念，继而改变这种建立在掠夺自然资源的基础上的非可持续生活方式。

可是作为一个力量有限的个体，在这个充满寡头财团的贪婪、穷人和动物的苦难的世界上，面对环境的日益破坏，能做些什么呢？博士呼吁读者们先从这本书开始了解现存的问题，因为了解之后才有承担。她以浅显明晰的语言，概述了如滥施农药、工业化畜禽养殖、肥胖症、水危机等一干问题，并积极倡导"食在当季，食在当地"，支持本地有机农户等实践，开始一场食品革命。

我对古道尔博士自己的一份素食菜谱印象深刻，仅举早餐为例："半片全麦吐司抹酸橙酱或酸制酵母（非常英式，美国朋友都觉得是种可食用的杂酚油），一杯咖啡，尽量选农民在雨林里种的有机咖啡，而不是完全依赖化肥的工业种植园里的咖啡，且需公平贸易。"对博士而言，自己的食物源自何处，是在怎样的条件下生产和制作，劳作者的生存境况，食物成为商品以后的贸易链条，都是必须关注的问题。这样一来，消费食品不再是满足口腹之欲的手段，而是可以借此表明道德立场的投票。消费行为原来也可以是政治行为，这个发现让我震动不已。

我的个人阅读也开始转向了，这两年来，愈发感到所居环境的恶劣，食品问题层出不穷，环境污染愈演愈烈，我们的土壤、水和空气质量都在恶化。稍微关注一下这些问题，才发现自己对身边的世界一无所知。这种无知令人羞愧。也许我就该从盘中餐开始，来发掘这复杂无比，环环相扣的人与自然。

远方来信

"就我而言，对于每一个作家，
都希望他迟早能简单而诚恳地
写出自己的生活……要写得像是
他从远方寄给亲人似的；因为
如果一个人若生活得诚恳，我想
他一定是生活在一个遥远的地方。"[1]

亨利，我的远房亲戚，
我住在半途，
是一个机场和你的池塘之间的半途，
住在一个按揭的房子里，
房款付到半途。在超然的陆地上，
从寒冷的山峦和早临的黄昏往南面来，

我们获得两英亩不平坦的土地。

现在我一个人，坐在我的桦木板书桌前。

从宽大的新窗子望出去，看到一英亩地：

我妻子正砍下灌木，两个小姑娘都在冒险

爬苹果树。草地那边，

是赤杨树的湿地，还有尚未变绿的花楸林，

两架震耳欲聋的喷气式飞机比它们的影子飞得还快。

我们不往天上看。松树上一只蜡嘴雀

正啄弄着翅膀内侧，害羞的雌雉鸡放弃了

它小口啄过的漆树，来吃我们撒落的谷粒。

我们也和兔子一起，共同分享这不确定的生活；

并不平静，也不绝望，我们按照

一个人生活的方式和最笃定的信仰

来衡量他。

我是半个教师，一周里一半时间砍大风刮倒的树

为了木柴，一半时间加工词句。

　　菲利普·布思真的按梭罗的要求写了一封信，就是上面这首题为《远方来信》的诗。他真是个实心眼的人，但更重要的，他

相信能够"简单而诚恳地写出自己的生活"。他离梭罗并不远，他就住在一个飞机场和瓦尔登湖之间的半途。

我也试着照梭罗的要求写了半封信，但是称呼难住了我。布思先生可以叫出"亨利"而不觉得异样吗？我还只读了四分之一的书不到，梭罗先生和我的交情还没有到直呼其名的程度，我这个人慢热。而梭罗先生，他的朋友不也说过，我爱亨利，但是我无法喜欢他；我决不会想到挽着他的手臂，正如我决不会想去挽着一棵榆树的枝子一样。

半封信在这里：

亲爱的梭罗先生：

见字如面。

是秋天。我住在北京的城乡接合处。北边有山，有已经腐朽的皇家依然欣欣向荣的园林。西边也有山，叫西山。雨后白雾蒸腾，日落时分紫色的云。东边是庞大的楼群，一重重延至天边。忘了告诉你，我住的楼层很高。

有天早上醒来，我走到窗边拉开厚厚的窗帘，这动静惊起一只大鸟，他之前停在空调机座上，猛禽喜欢踞于高处。

是秋天，猛禽过境。他舒展双翼恣意盘旋。一只红隼，我基本确定。

　　我退回到屋里，坐下，开始用笔写这封信。……

　　我发现我的信里没有写到南边是什么，呵呵，看来我的确还达不到梭罗先生的要求。南边有一个巨大的商场，倒是美国人的发明，那种叫作"烧瓶帽"的怪物。却是梭罗先生痛恨的那种奢侈挥霍的所在，他初到纽约的时候，就说：这个地方比我想象的还糟一千倍！

　　我却还不能离了这个烧瓶帽。我愿意住在这样的城乡接合处。只要往北骑二十分钟的车，我就到了一处村庄。

　　梭罗先生也许可以体谅。1883和1893年，约翰·缪尔两度造访瓦尔登湖，他写道："难怪梭罗在这儿住了两年。要我住上两百年或两千年都开心呢。这儿离康科德只有一英里半两英里的路，随便散个步就到了，我没法猜测人们是怎样看待梭罗这种生活的，他愉快地住在这里，做个隐士。"

　　一英里约等于1.6公里。

　　诗人惠特曼1881年去寻访梭罗的小屋，这样写道："然后去瓦尔登湖，那藏在林间的一泓美丽的湖水，我在那儿待了一个多小时。梭罗建造他那所孤独的林中小屋的原址，如今已成了一个石头堆，以此标志；我也捡了一块石头放在上面。"

那是惠特曼的致敬。他何尝不知瓦尔登湖离康科德小镇相距不远。

梭罗在瓦尔登湖畔亲手修建木屋，只靠自己劳动，独自居住了两年零两个月，他以此举来验证俭朴生活的可能。实验结束，他便重回文明生活，继续过他淡泊的日子。

重要的是，诚恳而专注地生活。

注释

[1] 作者注：这首诗歌开头的引文来自亨利·大卫·梭罗的《瓦尔登湖》。

三 山艾之乡

牧场公园

山地

春天什么时候来？我在本地历史协会的小书店里翻一本内华达山脉野花图鉴，随口问柜台后那个精神抖擞的老太太。

哦，那得等到五月。她似乎有足够的时间，我和她攀谈起来，作为店里唯一的客人。

她来自威斯康星州，北部濒临大湖区的湿冷之地，于是她和丈夫搬来此处养老，她深爱此地气候。干燥少雨的高原荒漠，唯一的降水是冬天的雪。我来之前刚下过，这我知道，从旧金山到里诺的小飞机上，我看到内华达山脉的皑皑白雪，艳阳之下分外耀眼。

"我也喜欢这里的景色。"老太太说。"是啊，视野开阔。""对，你这个词用得漂亮。"

举目四望，天边皆莽莽群山，山脚或有辟成公园的牧场，山上倚势而建几重住宅；市中心高耸的华伟建筑都是赌场酒店，暮色四合，霓虹灯光和绚烂的紫霞交相辉映；飞机在蓝天里划出长长的白线，白线渐渐弥散开来，一道与另一道交叉，把天空分割成不规则的区域。加拿大雁排成一列从房上飞过，"嘎嘎"叫得响亮，它们在栖息之前做最后的巡游。

夜里有清亮的大星，低低地闪着寒光。太阳一落，气温骤降，一件轻便的羽绒服多么必要。别被日头下炙人的暖热欺瞒。

如此荒凉的地貌。印第安人曾在河边种植玉米，来自欧洲的神秘部族巴斯克人则以牧羊为业，印第安妇女编织的柳条篮筐造型优美，终于成为白人的收藏品，成为西部小城博物馆的镇馆之宝。巴斯克牧羊人渐渐凋零，他们孤寂生涯的遗迹尚存，那是一棵棵颤杨白色树皮上的刀痕，线条简硬，随着树木的成熟，渐成醒目的瘢痕，为后来的牧羊人传递无解的信息。他们用一块块石头垒成的石塔，独立山间，年复一年，仍在发出渴望友伴的信号。

和小同学去爬最近的山，目标是巨大字母N的所在。伊万斯小溪清流潺潺，而融雪的小径泥泞不堪，我们不确定路线，问附近一个遛狗的女人，她热心作答，还亲自带我们到岔路口，又牵

加拿大雁（Canada Goose , *Branta canadensis*），摄影: Phil Roeder（上、右下）

Darron Birgenheier（左下）

着白色的牧羊犬离开。之前山下练习掷飞盘的年轻男子也很友善，他和同伴轮流往远处一个固定的篮筐里投掷飞盘。山坡不陡，没有一棵高树，大丛大丛灌木挺立，仿佛朝向天空怒放，灰绿的叶，黄色干了的花，没有风来摧折它们。岩石上黄绿褐青各色地衣，刚下过雪，它们显得鲜嫩。一对父子走近，十三四岁的儿子手里一杆枪，我早先就看到他们转山，心想为什么没有戴一顶醒目的红色棒球帽。"狩猎季吗？""不，是打靶练习。我们用能找到的酒瓶之类来练。以前我们在这山里哪儿都可以打，后来有了警察，他们规定区域。"父亲的口音有一点山里人的浑浊滞重。

N字在哪里？我不明所以地问同伴。就是我们经过的那堆刷成白色紫色的乱石啊，他说。

二次

　　基本上，我都在拿里诺和弗农山比来比去，因为，我总不能拿里诺跟北京比。弗农山冬天也常青，里诺并不逊色，只是干燥，杰弗里松和北美黄松针叶细长优美，松果状如小菠萝，颤杨的树皮雪白，樱桃木的绛红，在高原蓝紫的天空下色彩越发鲜明。弗农山有冬青，叶缘锯齿状，我公寓的楼下也有。弗农山有香蒲，猫尾巴似的花棒高高耸立，圣拉斐尔牧场公园里也有，那么不久红翅黑鹂也会出现的。

　　我还是住在主路上，车子流水不息。学校都只隔条马路，邮局都在步行可达的距离。不同的是，公寓前面还有所幼儿园，四五岁小小的孩童看见我打招呼，要么回一个招呼，要么惊异地望定了我的脸。主路上有个公车站，只白天偶尔有学生等车。两块钱一趟，比弗农山贵。

我还是出了门抬头就见山，那边有终年白雪覆顶的贝克山，这边的山峰朝阳的留不住雪，背阴的才有。你看我还没有记住它们的名字，我是生客，此地也还没出现热情的向导。

虽是生客，却又似乎一切熟络，刚到的一周里变得啰唆。银行里等待的当儿和人聊天，一个在加州金矿工作过的单亲老妈妈，用这份收入养大两个孩子，她话稠，俚语又多，但对古老的中国充满敬意，同时深恶本地对性产业的宽容，这些我听得清楚。她的语气语流好像老盖瑞："我在弗农山教过的学生，退休后又去学习汉语。"

火鸡胸肉，用肉桂香料的百吉面包圈，切达干酪，甚至在弗农山时并未培养出兴趣的糙米和鳄梨，我在巨大的超市里并没有迷路。那一年只烤过南瓜子的大烤箱，这一次也将不会寂寞。

里诺的我对弗农山的我说："你看，我干得还不赖，是不是？"

星图

　　半个月来还是第一次晚上出来游车河，我惊艳于里诺的另一种灿烂了，城中赌场霓虹变幻，光彩冶艳，而四围山上宅邸的灯火，更团团簇簇如钻石闪耀。如此稠密的灯火，昭显这个国家能源的充裕。另外，我再次意识到我所在的位置是个盆地。而夜空清朗，繁星点点，并未因人造灯光而失色。

　　我说要去图书馆借星图来认，CC同学一下子兴奋起来，原来他脑子里就装了最清晰的星图。我们仁望向南方星空，CC从猎户座（Orion）最易辨认的三星腰带开始说起，即参宿一二三，猎户两脚的参宿六七连线顺延往东南，可以看到全天最亮的一颗大星，大犬座的阿尔法，天狼星（"西北望，射天狼"）；猎户两肩的参宿四五连线顺延往东，有另一颗亮星，是小犬座的南河三，它和参宿四及天狼星构成了著名的冬季大三角，几乎是等边三角形呢。然后，猎户腰带三星延伸向西北，有颗大星是金牛座的阿尔法星，毕宿五，金牛座的毕宿亮星呈V字形；猎户座脚七和肩四连线向东北，可见一颗较亮大星，就是双子座的北河二，其下方是北河三。金牛座东北向是五边形的御夫座，最亮的一颗是五车二。这时再观全天，逆时针顺序，猎户座贝塔星"参宿七"、大犬座阿尔法星"天狼星"、小犬座阿尔法星"南河三"、双子座阿尔法星"北河二"、御夫座阿尔法星"五车二"，最后是金牛座阿尔法星"毕宿五"，它们构成一个巨大的六边形，每一颗都闪亮耀眼。

夜深了，天兔座和波江座都已沉落。平素少言寡语的宅男CC，此时滔滔不绝，我们在他的指点下目游星空，神驰万仞。冬季星空真的成为神话的版图，今夜，它以它的浩森丰富认领了我们。

张同学问题多多：北半球和南半球看到的星座都不一样是吗？银河只有夏天才看得到吧？我却想起周三课上讨论的小说，法国作家勒·克莱奇奥的《寻宝者》，艾里克同学提到多次出现的星空描述，主人公旅途漂泊，但每见星空，总努力辨认星座；星辰代表永恒的那一面，主人公有颗无法安顿的焦虑灵魂，对星座的执着于心体现了他对永恒、稳定和秩序的渴望，也代表一种人性深处的乡愁，对逝去的美好无法追回的永远怀恋。"天空在两杆桅杆之间摇荡，星转斗移，停驻片刻，然后沉落。我还无法辨认它们。这儿的星星如此明亮，即使最微弱的那些也是，以致我觉得未曾见过。猎户座在左舷边，东边方向，也许是有心宿二闪耀的天蝎座。那些我转向船尾就能清晰看到的星星，它们离地平线如此之近，我只要垂下眼睛就可以追随它们温柔的颤动，那些是构成南十字星座的。我记得父亲带我们穿过黑暗中的花园时的话声，他问我们是否能认出南十字星，它们在连绵的山脊之上，光线暗淡不定。"等一下，小说的主人公同时看到了猎户和天蝎吗？人生不相见，动如参与商，参宿和商宿正是猎户座和天蝎座，一个属冬一个属夏，在我们可见的同一片苍穹不会同时出现。这是作家本人的星座知识储备不足，还是主人公因知其不可能而幻想出的可能，"也许"，也许一词留下了余地。

立春已过，夏天不会太远了。我们开始期待夏日星空的银河。

快雪时晴

夜里又雪，而晨光清新明亮，我揣上相机和跳绳就出门了。圣拉斐尔牧场公园里几无人迹，每天都能碰见的蓝帽子大叔也没有出来遛狗。可是雪地并不寂寞，有很多谜团待我揭晓。你知道图一和图二是什么动物留下的足迹吗？（请忽略我的鞋印。）今天加拿大雁也早早下池塘戏水，有一只独自小径徘徊，还不时低头去端详自己的爪印，难道也有雪泥鸿爪之思？我把苏轼的诗念给他听："人生到处知何似，应似飞鸿踏雪泥。泥上偶然留指爪，鸿飞那复计东西……"

雪下了整整三天。周三上课的时候，老师还没来，而教室里有些异样，我意识到那是本科生们略显兴奋的闲聊，语声细碎如小鸟啁啾。平常大多是

　　怎样看到鹿

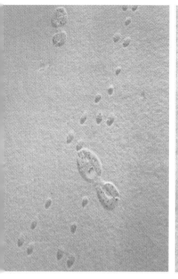

雪泥鸿爪〔图一〕

雪泥鸿爪〔图二〕

沉默的，是雪的降临暂时打破常规？或许是一个月过去大家比较熟悉了。

还是周三，第二门课的时候，泰莉照旧掐着点儿来，然后大力打开窗户，坐在长条会议桌的另一头，直对老师。她那天脸红扑扑的，不时咳嗽。窗户有一指宽的空隙，冷空气流进来，让人为之神爽，三个小时的研究生讨论课最费脑细胞。

四点多的时候，窗外雪势凶猛起来，空气湿度很大，雪花像雨落得快又急，我们纷纷掉转了眼神，看窗外雪密风骤，室内有一刻静默。

周六晴，雪停了。和两位友邻乘公车去逛商场，回来的路上经过中国超市，买了上海青和奶白菜，沃尔玛里绝不会有。覆雪的群山似乎离我们更近了，暮色苍茫，马路边的汽车旅馆亮起黄色的灯。

周日大晴，冰雪消融，正午强烈的日光直射下，我看见走廊地面铺的绿毡片水汽蒸腾，十分惊讶，友邻说她也是在一个融雪的晴天看到对面幼儿园的木栅栏上烟雾缭绕，大惊，以为失火。原来就是因为这强悍的日照和高温，特拉基河流入太浩湖以后，再流出来，才会在沙漠地带半途蒸发，变成一条真正的无归河。地球上大多数河流最终都要汇入大洋，特拉基河的命运总让我有点伤感。

圣拉斐尔牧场公园雪野茫茫，耀眼的白令人无法久视。雪水滋润，北美翠柏，道格拉斯冷杉和黑松，枝叶愈发青翠鲜明；日本小檗的果实仍在，大小如枸杞，颜色鲜红，虽然已经干瘪了。另一棵大树上竟然停着十几只雀子，银白光裸的枝丫间，鹅黄胸腹的小鸟背衬蓝天欢唱不停，而那天空的蓝仿佛凝练了几十个沙漠的晴朗。

说明

图一为棉尾兔〔Cottontail rabbit，*Sylvilagus* sp.〕，图二为珠颈翎鹑〔California quail，*Callipepla californica*〕。

三月

　　春天在路上了。只是这一次，我得训练自己的眼睛和知觉，像华莱士·斯泰格纳所写的那样："You have to get over the color green; you have to quit associating beauty with gardens and lawns." "你只能忘掉绿颜色，不再将美同花园草坪联系在一起。"新交的朋友玛伦也说："绿色不是我们的特色，但你能看到几十种深浅层次的棕。"

　　我在干旱的西部，98度子午线以西的美国。

　　幸好公园里又冒出小小的番红花，我总是惊奇不已，是这样柔弱的植株宣告春天的来临。

　　雁群也该离开了，北方的原野和沼泽在等待它们。"起初，只有冰原的统一，然后是三月冰雪解

番红花（Saffon，*Crocus sativus*）

冻的统一，以及世界各地雁群集体北遁的统一。"（李奥帕德
《沙郡年记》）

春假一日

　　旅伴中有兰州来的张老师，在寒旱所工作的他看到山艾丛生的大地，就说这是荒漠，不是沙漠，寸草不生的才是沙漠，而这荒漠要是搬到甘肃宁夏，早有牛羊放牧了。地平线边连绵不绝的土黄色群丘，让我有时走神，想起青藏铁路沿途的风景，而莽莽荒漠丛生的山艾变成红柳，就又回到了甘肃。张老师也俯身查看花草，告诉我们其中一种小草是亚洲入侵物种。入侵物种因为在当地没有天敌，总是疯狂生长，掠取资源，最终排挤土生物种，致其灭亡。我正在想人类族群是否也有入侵物种，车里几位男老师已经开始做强国霸主大梦，"这么大的地方也没人住，让中国来殖民！""是啊，那样美国又变成一个中国了。"后一句的语气

山艾丛生的荒漠

金字塔湖

不太肯定，似乎觉得不妥。

我们的目标是里诺北面的金字塔湖，特拉基河的终点。金字塔湖因湖中巨大的塔状泉华石而得名。我们忘了玛伦的警告，开离铺筑的公路下到河滩，车轮陷在松软的沙子里，进退不得。很明显这也是印第安人的警告，河滩入口处的告示规定：每辆车需购买一次部落许可方可进入。我们半信半疑地开车越过了它。还好这是钓鱼季，我找到两个正在收拾渔具的帅哥问有什么办法，他们爽快地过来帮忙，司机倒车，大家合力将日产车推离陷阱。湖里有美洲鲑（Lahontan cutthroat trout, *Oncorhynchus clarki henshawi*），内华达州的州鱼。1925年特拉基河水坝修建以前，上千条大鱼乐游无忧，为印第安派尤特族百姓提供美餐——烟熏鲑鱼。冬春季节，一个人一星期最多能捕到十五吨鱼。如此规模的渔猎也并没有影响美洲鲑的繁衍，但特拉基河上的水坝隔断了鲑鱼洄游产卵的进程，同时大量河水被引入卡森河盆地，不再汇入金字塔湖，水量俱减直接影响鲑鱼洄游。20世纪50年代以后，通过人工养殖投放，金字塔湖的美洲鲑产量渐渐提高；1976年修建了"鲑鱼通道"，帮助鲑鱼通过特拉基河口的三角洲，从而越过水坝，溯游而上。

三月中旬，钓鱼季即将结束，而现在湖水依然冰冷，鱼儿从湖底游向浅水，钓客在享受这一季最后的清福。我看到有人支把座椅在浅滩，脊背挺直，鱼线竖直，湛蓝湖水没过靴子，而他们稳如石雕，那姿势有一种自觉的紧张。

行到水穷

　　有日突然想起王维的两句："行到水穷处，坐看云起时。"心里惊了一下。特拉基河流过里诺，蜿蜒向北，最终蒸发于沙漠，这真正是水穷之处了。而坐看云起则像我每天吃饭喝茶，早已成为习惯。清晨的浅绯色，傍晚漫天翻涌的艳紫，艳阳蓝天里发亮的白，霰雪纷纷时凝重的深灰。最爱是滚滚乌云镶的那条金边，最妙是雪后大晴的夜里，云朵在黑天上流转不定，下面是茫茫白雪，奇异的美景让人简直不愿去睡。

　　地势。我往东西南北四个方向走，都在上坡。房东陈妈妈住山上豪宅，她在里诺三十年，拍到两次云海，从她后院的草坡望下去，整个里诺市中心被茫茫云海吞没，最高耸的几家赌场大厦也消失不

里诺的云

见，亚特兰蒂斯赌场像那个传说中的岛屿，真的沉入海底。那是一片横亘的云阵，看似深不可测，其实只是水汽纠结。玛伦家地势也高一点，那两个周末从前院望出去，东边天空总有巨大的积雨云，如飞碟如城堡如核蘑菇云，团团卷卷厚实浓密，有隐隐的威胁感，山雨欲来，是该回家的时候了。

既然说到天气，这里的奇景"太阳雪"和"月亮雨"不能不提。里诺的天气是矛盾修辞法，是似是而非的警语，挑战我僵死的逻辑，也激发本已苍白的想象力。多云天，十五分钟一变，不可预测，而天色忽而明亮，忽而晦暗，这种时候总想起居于岭南的那位诗人朋友，他说过这样的天气他最喜欢，灵感如涌。

沈从文那篇《云南看云》比较了中国各地的云，说色彩丰富要属青岛海面的云，"五色相渲，千变万化"，而云南的云"素朴""挚厚"，黑而秀美，是笔调超脱而大胆的水墨。我最不善描摹，总幻想沈从文要是来过里诺，又会用什么样的辞藻来赞美呢。

牧羊人的钱袋

　　过去三周来我和友邻姜可能是全里诺仅有的两名城市采摘族吧，我是说到圣拉斐尔牧场公园去挖荠菜，每次想到这个我就大笑不止。

　　过去三年来美国开始流行城市采摘，"urban foraging"。"forage"这个词在本学期读到的倡导绿色生活的作品里经常出现，它本义是指动物或人搜寻食物粮秣，常见例句如："The birds forage for aquatic invertebrates, insects, and seeds." "鸟儿以搜寻水生无脊椎动物、昆虫和种子为食。"我很喜欢这个词的发音，好像是一个推进和突破的动作，于是后来去超市的时候就改说："Let's go foraging some food!" 还要作气势汹汹状，仿佛文明人回归原始野性。

萨克拉门托（加州首府）人在公共场地采摘无花果、金橘和李子，南方人摘蕨类植物幼苗的卷牙，而纽约人很像北京人，在中央公园里搜寻马齿苋和蒲公英叶。友邻姜来自浙江，清明一到，她就念叨起荠菜和马兰头。

　　那天下午在圣拉斐尔牧场公园里例行散步，吊完单杠，我们弯下腰来检视四处散布着大雁粪的草地，有种野草叶子紧紧贴在土表，倒是繁密，姜注视片刻，说："我看这些都是荠菜啊！"我赶紧搜索残存的野菜记忆，小时候跟母亲还挖过几个春天的荠菜，后来在北京十多年，学校附近有城隍庙小吃，在那里吞下过不少荠菜大馄饨，但是对荠菜叶子的形状却记不真切了。真的吗？我不确定哎。我看就是！我们明天就来挖吧！姜激动起来。

　　第二天我们带着纸袋和剪刀赴荠菜之约。我依然不太相信，还在东看西看。姜已经蹲下去操刀大干起来，边挖边叫："哎呀，可真多呀，肯定是荠菜！"她动作十分麻利，也要归功于那把红色小剪刀刀刃锋利，深入根部土壤，每次手起刀收，入袋的都是一棵完整的十字花科植物。我则在一旁嘟嘟嚷嚷，说："要看到它开的白花我才能确认。"姜不屑："抽芯开花就老了呀，老了就不好吃了！"最终得我所愿，看到小小的白花初绽，姜说："这下你相信了吧。"我却又生出新的疑问，这种跟你刚挖

春天的荠菜（*Capsella bursa-pastoris*）

的那种叶子不太一样呀？这回她也被我搞得有点忐忑，但还是坚持自己："一样的，一样的。"

附近的中式风格凉亭里，一群中年女人相聚一堂，也许是个读书小组，在讨论迈克尔·波伦的《杂食者的两难》。她们偶尔微笑地望过来，并没有什么反对的意思。

当姜提着半袋荠菜（在我看来仍是疑似荠菜）回到家里，准备用开水焯，然后包猪肉荠菜馄饨的时候，她留给我一句话：我先试试，不行你就打911。到晚上那边没什么动静，我放下心来。十点多钟姜自己跑过来，笑嘻嘻地说：开水一烫，我就知道了，荠菜那种清香错不了。

第二天姜又去了公园，而当晚我尝到她包的馄饨，荠菜鲜嫩，猪肉香滑，就义无反顾地踏上了挖荠菜的不归路。

上周末我们又搜到另一片公园菜地，用姜的话说这就是我们的自留地了，缓坡面向水塘，背靠林子，风小，大雁粪多，荠菜惊人的肥壮，且极密集，被挤在里面的植株茎叶格外细嫩。姜也渐渐从一个只顾口腹之欲的采摘者转变为荠菜群落生态观察家，她竟然能观察到抽芯的白花常常只剩短芯，顶端被知更鸟或欧椋鸟之类啄去了。多么奇妙呀，这个直观的生态圈，大雁拉粪，粪肥了荠菜，鸟儿吃花（籽实），我们吃叶，平衡有序，互不干扰。我们为能悟出自然的奥秘兴奋不已。而这片小坡野兔跳、松鼠跑，远处还有一个羊和羊驼的牧场，小羊在春风里欢腾，完全是约瑟林·克劳那幅木刻画《春》的意境。

里诺的春天午暖还寒，早晚风凉，仍只有零上二三度。但是荠菜开花已大势所趋，不可挽回了。今天下午我和友邻又去圣拉斐尔散步，手里干净，只带了相机。彼此对叹：荠菜要告一段落了，颇有不舍之意。明年春天我们都已不在此地，满园荠菜只好兀自肥壮。

不过我们想起来，周末已带一位施先生探过地方了，他老家上海，在此工作定居，人漂泊海外十几年了。美食不能独享，他一听到荠菜就两眼放光。不知明年此时他会不会开着丰田（哦，他说要换奔驰）跑到圣拉斐尔牧场公园来挖荠菜呢。

本地免费小报 RN&R 上有一绿色生活专栏作者，上月底她写了"食野菜族"，文中列出几种常见野菜，如蒲公英、马齿苋、菊苣、红花和白花苜蓿，没有荠菜。我自作多情地写了一封邮件过去，还附了图片，作者隔天就有回复，很短，客气："谢谢你分享故事，希望你享受在里诺的生活。"

我在市图书馆借到一本《可食野菜田野指南》，有图有真相。它的俗名都很有趣，牧羊人的钱袋、母亲的心、胡椒和盐、女士的钱包，还有一个叫扒手。"植株基部的莲座型叶，与蒲公英相似，长而狭，叶缘齿状开裂深及主株。"

下一次白花未开的时候，我是否能把你一眼认出？

怎样看到鹿

四月断章

　　四月，四月似乎都忙着挖荠菜，我忘了说说其他的景致，现在就来补充。现在已经五月。

　　四月，不对，是三月的最后一天，灰蓝小房子里的老人在前院浇水，我几乎吃惊地看到他在走来走去，他不再是一个凝固在沙发上一动不动读书的形象。我于是大声赞美他门前一丛金黄明亮的连翘，他走过来（他竟然走过来了），跟我们说起在浇的这棵黑胡桃树。前年它结了七个果，去年只结了一个。以前五月六月都还下过雪，在里诺，做一棵果树是艰难的生涯。

　　四月，桃红李白，巴旦杏和星花玉兰。贴梗海棠，杜鹃。郁金香小而稀少。黄水仙从三月下旬一直开到四月，开过整个四月，紫色的葡萄风信子也

山艾之乡

巴旦杏（Almond, *Prunus amygdalus*）

同样坚持，甚至开到五月。

四月去市图书馆，一进门就惊叹，房顶过道，处处缀以绿色植物，阔叶披垂，长枝摇曳。明明是荒漠，却造出一片雨林。

四月是熊果属植物开花的时节，熊果属，Manzanita，来自西班牙语，字面意思是小苹果。此地多见的常绿灌木，我喜欢这个词的发音，音韵起伏婀娜。来里诺的第二天我在校园里闲游，要找以这个词命名的湖，问人的时候却记不起来，只好说，一个湖，一个湖。我到了跟前，发现只是一个池塘。回到熊果，它是荒漠里的救命树，果实晒干后磨粉，可食。新鲜果实和嫩梢泡水，可制果酒。树皮开裂脱落后，可用来泡茶，治疗恶心和肠胃不适。嫩叶止渴，登山者可掐下咀嚼。最后，深红的枝干曲折多姿，可装饰居处。我从来没有像现在这样，关心植物的实用价值。

四月，我为蔷薇科这三个字糊涂不已。去植物园散步，发现有种沙漠桃，desert peach，我看着名牌告诉同行的友邻，是蔷薇科，她很吃惊："这也是蔷薇科！"之前我已经告诉她，桃花李花杏花都是蔷薇科。我也很吃惊，这是我见过的最不张扬的蔷薇科植物，它为适应此地的苦寒干燥，已经变成一丛植株矮小的灌木。我们地处沙漠和橡木林区的过渡地带，再往西去，是极其干旱的盐碱土地，这丛小型浅色蔷薇科植物也将无法在那里生存。我后来读到了弗罗斯特的小诗《蔷薇科》，深感欣慰，大诗人和我们对林奈的命名体系有同样的困惑。他说："The rose is a rose,/And was always a rose./But the theory now goes. /That the apple's a rose,/And the pear is, and so's the plum, I suppose./The dear only know what will next prove a rose. You, of course, are a rose—/But were always a rose. "这首诗运用rose的一词多义："蔷薇科植物和玫瑰"，苹果、梨和李子都是蔷薇科植物/玫瑰的话，还有什么会是下一个呢？"你，当然，也是一朵玫瑰——/且永远是一朵玫瑰。"动人的情诗。

四月喝到第一杯黑啤，半杯，春日傍晚的酒吧露台，半杯我就晕。我们之前也在草地上上课，在榆树下围成圈，传递薯片、芒果干、杏仁和红色的饮料。我们要将逐个讨论的问题事先写在一架白纸上，老师手里的白纸被风卷起，他用手去按。"春天终于到了！"我上到酒吧的露台，冲大伙来了一嗓子。老师笑了，说："别说太大声，不然又要下雪了。"里诺的天气总是捉摸不定。

四月，春天的脚步缓缓，四月底丁香初绽，紫色比白色的香。我们终于发现是棉尾兔在吃荠菜，一小片突然齐齐低下去的

绿叶熊果〔Greenleaf Manzanita, *Arctostaphylos Patula*〕

植株，它们连花带籽吃得干净。冤枉了欧椋鸟和知更鸟，抱歉抱歉。

四月，街上走路和骑车的人都多起来了。草地上有瘦长结实的中学生玩耍银色的圆球，牧场公园里有瘦长结实的中学生踢足球。遛狗的人、慢跑的人、快走的人、烧烤的人，纷纷出现了。楼下小两口爱支把沙滩椅，打开电脑放音乐，傍晚吹风，听鸟鸣。

四月，草坪喷灌，树木滴灌，这是荒漠里的城市。月中我们在二楼上看到榆树的新芽已被正午的烈日炙焦，而房东陈伯伯还没有来打开滴灌的水龙，我们很着急，用盆接水，浇到根部。

四月，我开始喂檐角做窝的麻雀，面包渣每每被啄得精光，芒果和蓝莓是不吃的，不合它们的口味。

麻雀唧啾，转眼就到了五月。

所在

是因为每次都来到美国乡下地方，日日沐浴自然，接触最多的是些擅长园艺的"绿拇指老人"，才会觉得每次都充分吸取关于大地、山川、河流和草木的知识吗？甚至，也许还有自己的天真复萌。

庞德说："桃和杏子的味道不会随着一代又一代人消失。它们也不会通过书本传播。" 梭罗写野苹果（crabapple）："我们的野苹果树像我自己一样，是野生的，我也许不属于这里的原生种族，而是离开了已被栽培的种群，漫游到林中。"约翰·缪尔更直接："文化是一棵果园里的苹果树；自然则是一棵野苹果树。" 加里·斯奈德接着写："回归野外意味着变酸，变涩，变得奇怪。没有施肥，未经修剪，强悍，有活力，每一个春天开花惊人的美丽。基本上每一个当代人都是被精心栽培的，但我们也可以返回野外。"

我，还没走向野外，只是待在弗吉尼亚北大街1535号的E公寓里，目睹今春屋檐下那几对死了雏鸟的麻雀，又接着做窝，生养，从四月忙到七月，七月里埋葬八只被晒得又干又轻，或肚肠破裂发臭的雏鸟，它们是从窝里掉出来的。八月里草木干燥自燃，山火频繁，某晚烟尘滚滚，被南风一直刮到我们小区。结不出杏仁的杏仁树，玛伦院里只开了一朵的玫瑰。这些足以教会人两个字：谦卑。

生命如此不易。

发出一句这样的感慨不必非得横穿一个大洋。但也许离开旧地的一大好处是让人可以重新真切地意识到他的所在。The Place。从路边一棵陌生的花草开始，从黄昏一阵喧闹的鸟鸣开始，每日的温度，晨昏的云彩，炉子上一枚鸡蛋煮熟的时间。而暂时忘却营营的简单生活，让整个人都放松下来。我开始好整以暇地做一日三餐，关心桃李和杏子的味道，留意河流的涨水，学着看云识天气。

你知道吗？在晴朗的夜空，夏末秋初的月亮，清辉熠熠，周围有一个寒蓝的圈影，可并不是"月晕雨日晕风"的光晕。

还有，重新发现邻居。

有中国友邻，今天她包包子，明天我烤松糕，我去借半杯牛奶，她来借一勺苏打。也有美国友邻，春天老太太院里的杏仁树上有知更鸟做窝，她打电话叫我们去看；夏天酸樱桃熟了，她打电话让我们帮忙去摘，劳作完毕，大家吹着晚风吃比萨喝可乐。

也第一次把楼里所有的邻居认全，谁让我们只有八户。一楼A是退休后进大学读书的老人，每日拖一拉杆箱走去学校；B和C来自沙特阿拉伯，国家负责他们的全部学费，他们房里有时飘出浓烈的咖喱香；D的男孩和女孩常在树下坐着蝴蝶椅乘凉，男孩更热情，每次看我在二楼走过都打招呼。我跟他们说的最多的是天气，偶尔也告诉他们头顶上叽叽喳喳的是麻雀，叫声嘶哑体型大些的灰蓝色鸟是西丛鸦。G的房客上夜班，作息颠倒，很少看见他的脸，但听得到他的脚步。H的两个中国女孩都不会好好照顾自己，冰箱里空空，没有存货。D和H都是两居室。

美国西部文学泰斗华莱士·斯泰格纳写道："西部是一个人们需得依赖邻居的地方，也给予，也获得。" 或许跟西部有关。或许只因地广人稀。

秋天已至

　　周六，加利福尼亚街的农夫市集上，瓜果（白桃、黄桃、油桃、甜瓜、李子、杏李、草莓、嘎拉苹果……）摊前，蔬菜（紫茄子、柠檬黄瓜、秋葵、祖传番茄、尖椒、大蒜、红葱头、土豆……）摊边，农夫们和一个夏天来享受农夫收成的我们互道再见，说"明年见喽"的时候，我才强烈地感到，秋天已至，一年将尽。

　　种薰衣草的伯伯，酿蜂蜜的大叔，给大蒜编辫子的老爷爷，明年就见不到他们了。可是夏天到底是怎么过去的呢？

　　离开里诺的时候还是五月下旬，暮春初夏，丁香谢了一阵子了；到华盛顿州则像是早春接着阳春，丁香在开最后一拨；然后向西，蒙大拿州的小

　　怎样看到鹿

城里，丁香怒放。物候一直随经纬度变化，我的夏天迷惑又丰富。再向南，犹他州终于是纯正的夏天，干热的风，红色的砂岩；接着亚利桑那、新墨西哥、科罗拉多，峡谷、沙漠、高崖奇崛，大河切出深谷，天地广袤、宇宙洪荒。最后重又北上，西黄石镇翠西家的木屋外面，她母亲当年手植的一棵紫丁香，刚刚开花。而那已是七月初了。黄石公园里还有六月的雪未化。

七月四日独立日后回来，飞机降落时，我惊讶于里诺地面的绿色了，而人家宅院里玫瑰盛开；夜里晚风清凉，里诺的夏天让我惊喜。超市里苹果种类丰富了，除了嘎拉和富士，有金冠、红冠，还有"史密斯婆婆"，分别是黄色、红色和青色。七月底开始跟玛伦去农夫市集，她的朋友伦纳德是养蜂人，蜜蜂放出去，两英里内碰到什么采什么，紫苜蓿、向日葵，还有山艾。黄瓤小西瓜，敲敲瓜皮，感觉到弹性，而刀一下去就咔嚓裂开，清甜多汁；瓜皮又薄又脆，舍不得扔，切了丁来凉拌。

去帮玛伦摘果子，她后院的酸樱桃树已果实累累。三个人踩在梯子上，手不停，嘴也不停，酸樱桃酸而多汁，两手黏黏的。她又会把酸樱桃冷冻起来，等到有帮手的时候一起做果酱。明年，明年她找谁帮忙？

八月中去太浩湖避暑，湖水深邃湛蓝，湖边针叶树高大笔

金花矮灌木〔Rabbitbrush, *Ericameria* sp.〕

直，金背地松鼠在石上跑来跑去，岩缝里钻出蜥蜴。很多水上运动：帆船、爱斯基摩艇、快艇、滑水，还有没见过的一种静水立式划桨，站在划板上手持一把桨，悠悠来去。我只试了爱斯基摩艇，远离湖岸以后，茫茫碧波，想起"小舟从此逝，江海寄余生"两句。夜空璀璨，每一颗星都闪烁不停，我和姜举着笔记本电脑认夏季大三角。如此清晰的银河、牛郎和织女，有十多年没见了。

而秋天悄悄来临：八月中圣拉斐尔公园里散步，看到第一枚落地的白杨树叶；八月底某个夜晚，睡前开门最后看一眼星空，只着单衣，凉意瘆人。加拿大雁的队列再次划过天空，清晨和傍晚时分飞过头顶，叫声清亮，奋力扇动双翅，群山背景上的剪影。

于是就到了九月初，天空一下子有了层次，漫天云卷云舒。开始出现那种扁扁的荚状高积云，静悬空中，独立自持，令人着迷又不解。

校园里有棵果树，晚上和邻居散步去拾落果，三个人叫出三个名：花红！花青！沙果！对应的是青海、甘肃和陕西三地来的人。记得小时候有次去临潼过夏天，到处都是卖沙果的，新鲜的脆爽酸甜，放几天就面了。花楸树结满串串红珠子小果，冬青也是。

去洗衣房的路上经过那棵苹果树，满地落果青青，挂在枝上的个头大多了，尝了一个，不酸，只是果肉质感钝钝的，不脆。

漫山遍野开着丛丛密密的金花矮灌木，班上同学过敏，喷嚏和"保佑你"的话声此起彼伏。我问威尔怎么那么多人对灌木过敏，他开玩笑说："我们本是病夫。"

周六还去了二手店，玛伦可享受老龄折扣，我也跟着沾光，买了一个小电暖气，放在脚边或者浴室，比开整间屋的暖气省能源。"从今天开始随时会下雪了。"玛伦凭着住在里诺三十年的经验发话。

山林回忆

陕西。

翠华山的天池碧蓝，水里有小鱼，除此之外便不记得什么了。

南五台之旅丢掉了帽子，回去时也坐卡车，其实是站着，一只手抓着后厢边，一只手激动地挥舞帽子，和其他春游的小同学一起。风大，刮得人站立不稳。

夜登华山，抬头望：电筒灯光如一条游龙蜿蜒向上。黑暗中闻到植物的香气，听到潺潺流水。军用水壶里的水，冰凉。暑热和疲惫中咬一口苹果，脆、甜、水分充足，顿时神清气爽。（从此每每爬山时带个苹果。）

王顺山的夏天，石竹花星星点点。植被繁盛。登

美国黄松（Ponderosa Pine，*Pinus ponderosa*）

顶之后，望见对面峰顶上的人，隔空喊话。

太白山，没有去过。姐姐带回一枝红杉的针叶，告诉我植被垂直分布的知识。我把叶子夹在《现代汉语词典》里。后来夹在《英美文学名篇选注》里，书本纸薄，被硌出叶脉的痕迹。

北京。

灵山秋草黄软细长，缓坡平坦，大家抱着头一起滚下去。野花还在开，零星的华北蓝盆花。

云蒙山青翠。夜晚在河谷点起篝火，后背阴凉而前胸温暖。月亮黄蒙蒙的。白天看到一条青色的草蛇。暮春初夏的时节吧。

凤凰岭，初秋。蜥蜴出没于白色的山石间，蝈蝈通体碧绿。野核桃和山桃的落果，很多都已烂掉。

内华达州。

玫瑰山。美国黄松针叶细长，枝形优美；树下有巨大的松塔，山中松香阵阵。熊果灌木丛低低蔓延，一种叶片上卷，一种叶圆，一种小叶、植株极矮。白杨树只剩几株留存金黄的叶，而树皮洁白醒目。山艾灰绿，金黄矮灌木黄花已逝，枝丫焦黑。

枯树仍笔直挺立，一笔笔粗大的枝丫向外伸曳，满怀诉求的姿势。也见到躺倒的圆木，横在山坡上，似乎能为它构想百十种用途，然而它只是横在那里，残余些树皮，裸露出的树干纹路细致，有时可见来路不明的刻痕，仿佛某种古老失传的文字。

野花仍明艳照眼。第一次看到灰色的北美星鸦，一展翅，哑声叫着，掠过松树的高冠。这是内华达山脉常见的野鸟，西部的鸟。

金背地松鼠在乱石间一溜儿小跑，这一次，我一眼就认出了它。

怎样看到鹿

电影中的内华达

  周日下午两点，图书馆一层"Wells Fargo"礼堂里座无虚席，我发现观众全是白发苍苍的年长公民，这才意识到五十年前摄于此地的好莱坞电影《格格不入的人》（*The Misfits*）对于他们的意义重大得多，这个观影活动将是一次集体怀旧。主持人是此地影评家，她人高马大，格子衬衫牛仔裤，套一件粉红色马甲，讲话前扶了扶也是粉红色的眼镜，说："请原谅，这个是为了搭配衣服。"美式幽默我是喜欢的。她又说："我们还会有The Misfits上映一百年纪念，只是那时大家就不在了。"身边的老人们依然朗笑，他们已经活到了达观的年纪。

  高大而粉红的影评家语速很快，结合屏幕上的配乐幻灯片，介绍了电影场景拍摄地和围绕电影的种种神话。这部阿瑟·米勒编剧，玛丽莲·梦露和克拉克·盖博主演，约翰·休斯顿导演的大片上映前众皆瞩目，上映后却成票房毒药。冲着大明星去的观众，不习惯他们颠覆从前套路的形象；冲着西部片类型去的观众，没看到碧血黄沙牛仔劫匪；而片子拍成后几周盖博就因心脏病突发去世，上映19个月后梦露服药过量去世，它成了好莱坞两位巨星的绝唱之作，因此有挥之不去的悲情。

两位大牌的新角色确实使我惊讶且震动，这有很多米勒的功劳。罗赛琳（梦露饰）早年被父母遗弃，前夜总会舞娘，刚刚离婚，她天真善良，心地柔软，见不得旁人的眼泪和伤口；盖伊（盖博饰）是过气牛仔，离异，和前妻有一女，关系疏离，是他心头一痛。他俩在里诺相遇，都是无根的天涯沦落人，遂一同上路，彼此慰藉。盖伊和另两个哥们儿去套野马，打算到手后卖给猫粮罐头工厂，赚几个可怜的钱。罗赛琳目睹野马被绳索套牢仍挣扎奔跑的惨状，向盖伊大发雷霆，指控他的残忍。盖伊最终放走已经到手的野马，重新抱得美人归。

故事主题元素混杂，但刻意凸显罗赛琳的纯真脆弱，缺乏安全感，却拥有使周围男人快乐舒心的能力，也是米勒的视角无疑。盖博当时已经五十九岁，梦露是三十四五，据说找盖博来演对手戏也是为了让梦露一遂心愿，她小时候视盖博为偶像，是幻想中的父亲。但盖博在其中非常苍老，脸上每一个褶子都疲态尽现，他还非要坚持自己来演被狂奔的野马拖倒在地的场景，虽然绑了厚垫，拍完还是满身血答答；梦露，有三身裙装，最后一套衬衣牛仔裤半靴的扮相飒爽，素面更美。尽管镜头也时常如逐蜜蜂蝶般上下着她的丰乳肥臀，但不刻意美化，更忠实捕捉到眼角的皱纹和眉梢的倦意，她首次演主题严肃的剧情片，演技上的探索尝试痕迹明显。

在我看来，在影片的后半部，野马成了意料之外的主角，有大量镜头贡献给了这些野马的矫健身姿，它们奔跑在内华达莽莽的荒漠，是自由的精灵，也是西部的象征。牛仔式微，野马却是更卑微的食物链的下一环，绳索套捕野马的动荡场面成了全片最震撼人心的部分，这个戏剧张力一直贯穿到片尾。罗赛琳和盖伊之间关于谋生和猎马的一段对话，也已经涉及了日后将大行其道的动物权利和环境主题。从身边观众的反应也能觉察到，野马和人的对峙惨烈沉重，对情感和理性的撼动力似还超出几位漂泊无依的人的主角。

而这是五十年后再观此片了。几位老人被请到台上讲述他们和电影的故事，一位当年不喜此片，觉得不是期望中的西部片，隔了五十年，也是大半辈子再来看，咀嚼出很多味道。另一位是1953年就来到里诺，在哈瑞斯里诺酒店赌场做"黑杰克"赌博游戏的发牌员，赚钱供丈夫读大学。老妇人有几分骄傲：我有三个子女，七个孙子（女）和三个曾孙，他们都是在哈瑞斯酒店出生的。

他们都是在里诺扎了根的人，虽然这城市的绰号曾是"Leave-it State"，来到西部的人大多是冒险家、投机商，做着暴富的美梦，梦想发了财就走人；而20世纪初开始，里诺更是离婚手续快捷、博彩和妓女合法的"罪恶之城"，它是让人摆脱各种世俗羁绊和道德标准的黑色里诺（Reno Noir）。

坐在我后面的老太太却唠叨着："我们在很多地方待过，东部、欧洲，我们喜欢内华达，这里能看到真正的人，在宾夕法尼亚、纽约那种地方你见不到真正的人。"我转过头去给她一个微笑，也许我明白她的意思。

阿瑟·米勒自己称此片为"一个东部的西部片"（an eastern western），他当然是拍了一部西部片，但是一部和典型套路格格不入的西部片。西部有一种天地不仁的漠然，从东部来的米勒首次到里诺就感受到了这个。这冷漠也许来自地域的广袤，来自开阔平旷的荒野中，一个人、一棵树、一只野兔或是小狼，都是渺小卑微的存在。生存的艰难和紧迫在西部是日常的概念，不像在东部稠密的人群和街市里，问孩子食物和水的来源答案总是超市。我在用自己的心思度米勒之腹，而他又说，这种漠然其实不只存在于西部。

文学中的内华达

去旁听一门课，文学中的内华达，谢丽尔·格劳特费提教授花二十年之功，编辑了这本《文学中的内华达》，并开设本科生课程。896页的大部头，从内华达地区古老的印第安人口述文学，到西进开拓者的书写，再到今人捍卫沙漠和荒漠之美的环保书写，甚至全美独一无二的牛仔诗歌，统统被收录进去，是一本全面而又精到的地域文学作品集。

本周读"内华达荒野"一辑，作者有博物学家、地质学家、小说家等，文体各异，手法不同。我做了详细的听课笔记。

首先是暖场。谢丽尔从黑岩沙漠那里举行的"烧木人"活动说起，烧木人活动二十多年前在旧金山的海滩上举行，原本只是一群人为了好玩，用

　　　怎样看到鹿

木头造了一个巨人，然后一起放火把它烧掉。后来活动愈演愈烈，旧金山表示举办方有困难。哪里的地方又大又没人管呢？当然是内华达的沙漠地带，而且十之有九是国家的土地，内华达在这一点上非常特殊。今年有五万四千多人参加"烧木人"，他们有些来自本地，更多来自世界各地，英国、新西兰、澳大利亚……班上有个学生今年去了，他虽然家就在里诺，还是第一次去。谢丽尔让他说说感想，他一开口就说须亲见才能体会。基本上，活动的原则是"不围观，众皆参与"，个人带足给养，然后做艺术装置、表演、摄影，各种创意活动均可。于是众人在短短几天里汇集成一个市镇，合力搭建木头巨人。点燃巨人是高潮部分，然后大家散去，走时不能留下垃圾。市集上只卖水和冰咖啡，沙漠里的生存全靠自己。当然，年轻人的狂欢、酒精、毒品等，也是活动的一部分，但最让这个学生感动的是人们的善意和友好，一种乌托邦式的公社生活。

其次小测验：幻灯片展示三道简单的问答题小测验，考查学生是否通读了上周布置的八十多页材料。收了测验纸以后谢丽尔给出答案，简略介绍背景。约翰·缪尔热情赞美的内华达之树是矮松（pinyon pine或nut pine）。松子壳薄，果仁香甜，从前印第安人的重要食物来源之一。矮松并不是每年结籽，印第安人可凭经验判断收成丰俭。然后是短篇小说《最古老的生物》的故事情节。第三题问内华达州的两个沙漠名称和区别。谢丽尔在黑板上画地图，北部大盆地沙漠，海拔高，冬天寒凉有雪，四季分明；南部莫哈维沙漠，海拔较低，暖热。两处都有自己的典型植被，前者的代表是山艾和杜松，后者是短叶丝兰（Joshua tree，此树枝干伸展形似先知Joshua向艾城伸出手中长矛，故名）和石炭酸灌木（creosote bush）。我庆幸自己是待了半年多后听到这门课，现在我连矮松的松子都吃过了，阅读这些文字极其亲切。继而想如果是初来乍到就上这门课，缺乏感性认识，完全从文字中了解此地，又会是怎样的一个认知和体验的过程。

然后谢丽尔略讲地理气候，并穿插提问。潮湿的冷空气从太平洋来，被南北走向的内华达山脉挡住，我们在大山以东，正处于"雨影"（rainshadow），所以气候干燥。地貌：大盆地，河流到此不入海，陷在沙漠里，蒸发。内华达山脉是最年轻活跃的板块，不像东部，东部毕竟是太古老，地质活动慢慢平息了，鲜有地震。而这里的板块运动不是挤压，是伸张，因此形成断层。这片植被稀疏的裸露大地最吸引的一类人就是地质学家，他们可以直接阅读岩层这本旷古奇书。

略讲这样的环境对经济的作用。从前是金银矿产，现在是博彩旅游，都不是细水长流收入平稳的产业，总是大起大落的浪线。矿山挖尽，矿区城镇衰落，终于成为幽灵镇，人走屋空。经济危机一来，博彩和旅游业受的打击最大。

最后谢丽尔打出幻灯片：三个"负面描写"的例子，马克·吐温、欧文·韦斯特、约翰·缪尔的三段文字，他们常用"荒凉"（desolate）、"贫瘠"（barren）和"单调"（monotonous）等词，初来者对内华达多有此观感。讨论的是视角问题，引发大家对审美标准和品位的思考。

选这门课的学生，大多来自本地，也有西边的近邻加利福尼亚州。我观察到他们饶有兴趣地参与讨论，基于自己在本地生活的体验和思考，见解常颇为独到。还有哪一门课能像"文学中的内华达"一样，和他们的生活体验感受如此相关？又有哪一门课能让他们用不同视角审视自己立足生长的这一片土地，并对人与土地的关系深深反思？地域书写的价值和意义，都在于此。

我希望国内的每一所学校，也有这样一门课程，可以让每一个年轻的个体，从此开始审视自己与脚下这片土地的关系。没有了解，也就没有观察和思考，遑论责任感和价值观。

内华达的荒野

我继续读"内华达的荒野"这一辑中的选文，随手翻译了一些。

晚餐美妙得很——热面包、烤培根，还有黑咖啡。我们身处的幽静也同样美妙。三英里以外有个锯木厂和一些工人，但湖四周的开阔之地连十五个人都没有。暮色四合，繁星闪现，巨大的镜面上点缀着宝石，我们在肃穆的沉静之中默默地抽烟，忘记了我们的烦恼和忧愁。……太浩湖边露营三个月，足以让一个木乃伊重获活力，拥有鳄鱼般的胃口。当然我不是说最老最干的木乃伊，而是新鲜一点的。云中的空气非常纯净美好，清新惬意。为什么不

怎样看到鹿

荒野风景

该如此呢？——天使呼吸的也是这样的空气。……我知道一个人去那儿等死。但是他没有成功。他来的时候是个骨架子，站都站不住。他没有胃口，除了读《圣经》、思虑未来外什么都不干。三个月后他经常在户外睡觉，一天三顿，吃到吃不下为止，还在三千英尺高的山上追逐猎物。他再也不是一具骨架子了，体重已经几分之一吨。这不是胡编，是真事儿。他的病叫作精疲力尽。

（马克·吐温《艰苦岁月》）

太浩湖位于内华达州和加州的交界处，如今已成旅游和疗养胜地，而空气纯净依旧。

当一个从加利福尼亚来的旅人越过西耶拉山，沿着东坡再走一点路，森林就到了尽头，如此突然又如此彻底，仿佛往西行去抵达了海洋。他从世界上最高贵的森林出来，进入自由的阳光，死寂的含碱的湖平面。湖那边的群山密密耸立，连绵不绝。而无论我们多么习惯于将森林和高山紧密联系在一起，眼前的山峦总是呈现出一种独特的贫瘠，灰白、狰狞、没有树荫，好像燃烧的天空中撒落的灰堆。……我翻过一千八百英里的蜿蜒山路，遇到了九种针叶树——四种松树、两种云杉、两种杜松，和一种枞树——大概是加州发现的树种的三分之一。

（约翰·缪尔《内华达的森林》）

沙漠通常被认为是一片荒芜的不毛之地；也许因为我们太熟悉埃及那种沙质荒漠的描述。而美国的沙漠却是平坦的泥质荒原，是远古湖泊的湖床，很少覆盖着游移的沙子。

（伊斯瑞尔·罗素《大盆地》）

而对于我，内华达的荒野之美，却是逐渐习得的品位。初到时满目的褐黄令人惊心，干旱寒冷的天气，植物的艰难生存，时时刻刻触动着我。在这西部的荒漠里，要发展出一套完全不同的生存哲学和实践。本地的人们，他们却深爱这片土地。我想到玛伦说的几十种深浅层次不同的棕褐，我也渐渐拥有了这种分辨力。我也想到谢丽尔在课上说过，有年春天，她家附近的荒地上野花盛开，足有二百多种，不是年年如此，但沙漠的春天，也可以无比绚烂。

四 瓦尔登湖

瓦尔登湖

新英格兰，马萨诸塞州，康科德镇，瓦尔登湖。

从朋友在剑桥镇的家出发，往康科德镇行去。路边林木森森，高大笔直的针叶树令冬日的视野依然满目苍翠。我们看到"瓦尔登湖州立保护区"的牌子，就知道目的地到了。停车场出来，我们一眼就看到梭罗的林中木屋。介绍说，房子是完全按照原样复制的。以前我在网上下载过木屋的照片，美国文学课上给学生看，比起他们五六人一间的宿舍，当然，木屋已是完美。可是同梭罗同时代同阶层的美国人相比，他的木屋只相当于守林人的栖身之所，所有需求都被缩减到最少。屋子的门开着，没有门卫，没有阻挡的锁链，没有其他游人，我们径直走进去。左手墙边依次摆放餐桌、椅子、书桌、另两张椅子，对面墙被壁炉和炉灶占据，右手墙边是柴垛和床，所有的家当就是这些了。看到有三张椅子，我马上想到《瓦尔登湖》里"访客"那一章的句子："我的屋子里有三张椅子，寂寞时用一张，交朋友用两张，社交用三张。"我和我的朋友，只两人，我们会是理想的访客吗？

小书桌上有本大大的访客登记本，每页的顶端，原来都印着"三张椅子"的那段话。我往前翻看，很多页过去了，没有中国访客的名字。我在表格上填好日期、姓名、城市/国家，在评论栏里写下一句短短的："问好，亨利·大卫·梭罗。"

梭罗的铜像伫立在木屋外，他斜挎一个包，凝视着自己上举的左手，手中空无一物，在我的想象中，该有一枚松果，或是荚果。

幸好是冬天，清静。但即使如此，小湖就在路边，下午四点钟的时候，车来车往。我们须穿过马路，才能一睹瓦尔登湖真容。沿湖有条开辟出来的小径，供游人行走。

我惊讶于瓦尔登湖的小。走一圈大约两千米，它真的好小。转念又笑自己的傻，"Walden Pond"，梭罗用的词就是池塘，虽然他用"湖"来指称瓦尔登在正文中也有三十多处。

慢慢回想那些句子：

"瓦尔登的风景是卑微的，虽然很美，却并不是宏伟的，不常去游玩的人，不住在它岸边的人未必能被它吸引住。

"但是这一个湖以深邃和清澈著称，值得给予突出的描写。这是一个明亮的深绿色的湖，半英里长，圆周约一英里又四分之三，面积约六十一英亩半；它是松树和橡树林中央的岁月悠久的老湖，除了雨和蒸发之外，还没别的来龙去脉可寻。"

梭罗然后以两页纸的篇幅，细致描绘湖光水色，深浅有致的蓝和绿，近岸边的黄。

湖水清澈，水色明净，可见湖底的细沙。梭罗这么写："赤脚踏水时，你看到在水面下许多英尺的地方有成群的鲈鱼和银鱼，大约只一英尺长，连前者的横行的花纹也能看得清清楚楚，你会觉得这种鱼也是不愿意沾染红尘，才到这里来生存的。"在读书时就对这部分描写印象深刻，亲眼见到以后，还是深以为美。

梭罗在湖畔，观湖水涨退，也测量湖底深度，他是一个出色的勘察员。当时他就发现，瓦尔登湖水的出入口，除了雨雪和蒸发，并没有别的。今天，地质学家告诉人们，这个湖是冰川撤退时停滞于冰川沉积物中的巨大冰块融化形成的，地质学的专有名

梭罗的木屋（按原样复建）

木屋原址

词是"锅穴"（kettle hole）。所以，瓦尔登湖并没有河流出入，它的水来自地下蓄水层。

小径绕湖一周，沿湖走一圈大约两千米，真的很小。小道和湖之间是沙滩，另一边是林木，有很多橡树和北美乔松（white pine）。挨着小径的林地上，有不少青绿的松树苗，我意识到自己从未见过松树苗，它们那么稚嫩。林木的品种也比我预料的稀少，梭罗书里，提到沿湖生长的灌木、北美油松、桦树、赤杨、白杨、红枫……，我以为会是一片郁郁森森的林木。

看到有草莓，虽然还只是十二月，叶子翠绿欲滴。梭罗居于湖畔的时候，也采集浆果和其他野果，作为食物的补充。他有一块豆田，有时捕鱼，其他时候，他采集草莓、黑莓、蔓越橘，还有栗子和山核桃。

真正的木屋原址在湖边一片林子中，一块写有梭罗名言的木牌和一堆乱石指示了方向，旁边就是九根桩子围起的原址了。那堆乱石，说来也不完全是乱石，有些分明是刻意垒起的小石塔，大石上垒小石，小石上再搁石块。我意识到这就是诗人惠特曼1881年寻访梭罗木屋时看到的那个石堆了，他当时还在上面加了一块石头。最初，是1945年梭罗百年纪念时，考古学家罗纳德罗宾斯在木屋原址的烟囱基底处挖掘出来的。1947年梭罗学会将这

瓦尔登湖

些标记木屋原址的石头捐献出来，此后，每一位瓦尔登湖的朝圣者，都会有心往上面添加一块石头。这让我想起在藏地旅行时看到的玛尼堆，玛尼石上都刻着六字真言，藏传佛教的信徒们每经过一个玛尼堆，就往上面添一块石头。瓦尔登湖畔的这个"玛尼堆"，也寄托了朝圣者们的信念和祈愿。

我在林子里捡了一枚北美乔松的修长的松果，鳞片脆薄，还有一枚橡实，偷偷揣进口袋，留作纪念。我们又穿过汽车川流不息的马路，回到停车场，附近还有个小礼品店，我们也进去瞧了瞧。店员自称是导游和历史学家，这位理查德·史密斯先生对我的来处好奇，冬天访客大抵稀少。旺季时他会扮演梭罗，为游人讲述历史和文学，这事一做就是十年。夏天，这里据说将会有每月十万人的访问量，多是当地人，他们游泳、划船、钓鱼，我想他们中大概很多人没读过《瓦尔登湖》。

理查德答应把我做的注释本转交给梭罗学会的档案部。夙愿已了，这下可安心回家了。

一百五十多年后，瓦尔登湖的湖水还是那么清澈。后来我读到瓦尔登湖的水文和营养生态报告，瓦尔登湖同样面临着都市湖区共有的问题：城市垃圾填埋、污水渗滤、游客访问量过大（每年五十万余人）、大气沉降中的酸性物质和其他污染物，还有外来入侵物种。这要归功于多年来湖畔树林和湖岸的保育工作。1996到1998年间，曾分段封闭湖畔小径，施行生态恢复工程，以稳固湖岸，保持水土。

"据我们知道的一些角色中，也许只有瓦尔登湖坚持得最久，最久地保持了它的纯洁。"

附录：这些书滋养了我

Glotfelty, C. et al. 2008 . *Literary Nevada.* Reno: University of Nevada Press

Goodall, J. 2006. *Harvest for Hope: A Guide for Mindful Eating.* New York: Warner Wellness

Pollan, M. 2006. *The Omnivore's Dilemma: A Natural History of Four Meals.* New York: The Penguin Press

Stegner, W. 2002. *Where the Bluebird Sings to the Lemonade Springs: Living and Writing in the West.* New York: Random House

Thoreau, H. D. 1989. *Wild Apples.* Carlisle: Applewood Books

阿宝，2005，《讨山记》，长沙：湖南文艺出版社

波特，2006，《空谷幽兰》，明洁译，北京：当代中国出版社

古道尔 ，2009，《希望的收获》，范效成等译，西安：陕西人民出版社

怀特，2007，《这就是纽约》，贾辉丰译，上海：上海译文出版社

怀特，2009，《最美的决定》，张琼等译，上海：上海译文出版社

季羡林，2010，《二月兰》，北京：作家出版社

莱辛，2008，《特别的猫》，彭倩文译，杭州：浙江文艺出版社

李奥帕德，1999，《沙郡年记》，吴美真译，北京：生活·读书·新知三联书店

刘克襄，2004，《风鸟皮诺查》，北京：中国社会科学出版社

刘克襄，2010，《野狗之丘》，杭州：浙江大学出版社

麦克唐纳，2010，《隼》，万应朗等译，北京：生活·读书·新知三联书店

缪尔，1999，《我们的国家公园》，长春：吉林人民出版社

梭罗，2009，《野果》，石定乐译，北京：新星出版社

梭罗，2010，《种子的信仰》，王海萌译，上海：上海书店出版社

王军，2003，《城记》，北京：生活·读书·新知三联书店

苇岸，2009，《最后的浪漫主义者》，广州：花城出版社

西顿，2006，《动物记》，北京：新星出版社

雅各布斯，2005，《美国大城市的死与生》，南京：译林出版社

于坚，2001，《丽江后面》，昆明：云南人民出版社

朱天心，2006，《猎人们》，北京：生活·读书·新知三联书店